国土防衛

JGSDF's Defense Force

ロシア・ウクライナ戦争に学べ
陸上自衛隊の現在

HIDEO SASAGAWA
笹川英夫

国土防衛

ロシア・ウクライナ戦争に学べ
陸上自衛隊の現在

CONTENTS

【おことわり】
本書には隊名、国名などを略称で記述する箇所があります。
(例) 陸上自衛隊→陸自　海上自衛隊→海自　航空自衛隊→空自　アメリカ → 米国
アメリカ軍→米軍　ソビエト連邦→ソ連　中華人民共和国→中国
なお、各部隊名の略称については、当該部隊の冒頭にある紹介箇所をご参照ください。

63
水機-1

INTRODUCTION

はじめに

ロシア・ウクライナ戦争が示唆する危機

進化する陸上自衛隊「島嶼防衛」への道

20世紀の戦禍を再生しているかのように見える「プーチンの戦争」は、まだまだ出口が見えないままだ。それは決して他人事ではない。海によって隔てられているとはいえ、鼻先に独裁体制の大国が存在するという点で、日本はウクライナと立場を同じくする。さらに近年、中国の海洋進出、台湾に対する威嚇は著しく、「守りの目」は南へ向かざるを得ない。こうして、島嶼防衛はいまやわが国の安全保障における必須にして最大のテーマとなった。では、その中心的な役割を担う陸上自衛隊はいかにして「南からの侵略」に備えているのか。本書では彼ら精鋭たちに課せられた任務を最新の装備とともに紹介していく。

ウクライナの事態から連想される尖閣の危機

独裁者の世界観は我々の想像を超えるところがある。この度のロシアによるウクライナ侵攻は、プーチン大統領の独善的な思い込みと決断によってもたらされた。

この事態は日本に何を示唆しているのか。それは言うまでもなく「独裁国家・中国の海洋進出に伴う有事の危機」である。かねてより太平洋への進出を目論んでいる中国は、高い水準での国防費の増加を背景に軍事力を強化してきた。軍事活動の範囲は飛躍的に広がり、それは台湾への挑発を含め、東シナ海、南シナ海での活発な動きへとつながっている。

もちろん、独善的という点において同国はロシアに引けを取らない。いや、むしろより覇権主義的であり、強権的と言えるだろう。それはここ最近の報道を目にするだけで、読者諸兄も感じているはずだ。

日本固有の領土である尖閣諸島に対して、中国は「古来より中国の領土」と主張している。実効的に支配した歴史がないにもかかわらず、周辺海域で石油埋蔵の可能性が指摘された1970年代以降になって、声高に叫び始めたのである。

2016年、中国海軍フリゲートが接続海域に入域して以来、度々戦闘艦艇が尖閣諸島周辺に姿を現していることからも、その独善性に拍車がかかっていることは明白である。

日本がそのような中国の動きを傍観する道理はない。それに抗するべく「島嶼防衛」という方向性が確定したのは、2013年(平成25年)に閣議決定された『防衛大綱』に基づく防衛計画が発表された時だ。以来、陸上自衛隊(以下、陸自)はその方針に沿って編成、装備を着々と整えている。

ただし、陸自にはその前段に長い歴史があることも事実である。その経緯を振り返ってみる。

防衛の視線が北へ向いていた冷戦時代

陸上自衛隊は1950年に「警察予備隊」として発足して以来、「保安隊」を経て'54年に創隊された。戦後約40年にわたって続いた「東西冷戦」の最中、「専守防衛」という枠組みのなかで、西側陣営の一員として国土防衛という重要な任務にあたってきた。

当時、日本の脅威はソビエト連邦(以下、ソ連)だった。国を守るうえで重要な拠点は、必然的に北海道である。訓練、演習も北部方面隊を中心に、同地が主な舞台だった。「ソ連が攻め込んで北海道を奪いに来る」という想定のもと、戦車隊を結成して迎え撃つ準備を整えていたのだ。

有事の際は、稚内と旭川の中間にある音威子府（おといねっぷ）が決戦の地とされ、名寄駐屯地をはじめ近隣の駐屯地が最前線基地とされた。

ソ連の機械化部隊を迎え撃つにあたって、陸上自衛隊も同じような装備、編成を目指していた。しかし、相手の戦力は圧倒的であり、防御一辺倒になることはわかっていた。したがって、地形をうまく利用して、なんとか時間を稼ぐという考え方が戦術面の基本だった。

なんとかしてソ連軍を足止めし、あわよくば押し返す。専守防衛の名

のもとでは、それが精一杯である。仮にいま、ロシアが攻め込んできても戦略としては同様である。北部方面隊第7師団の機甲部隊が戦いの中心になるはずだ。ともかく、このように国土防衛の視線は、長らく完全に「北」を向いていたのだ。

PKOを通して果たした国際貢献と災害支援

転機は1989年から'91年にかけて訪れた。「ソビエト連邦の崩壊」である。この歴史的事象によって、次々と小国がソ連から独立し、国連が彼らを迎え入れた。東欧の社会主義国でも民族主義が沸き起こり、民主化の波が各地を覆った。その余波によって旧ユーゴスラビアでは「ボスニア・ヘルツェゴヴィナ紛争」が勃発。'92～'95年にかけて約3年もの間、悲惨な戦いが繰り広げられた。いっぽう、ソ連崩壊による「東西冷戦の時代」が幕を閉じたことで、自衛隊、なかでも陸自の活動も変化を余儀なくされていった。

これまで主力とされてきた普通科や特科といった戦闘部隊に対して「もはや出番はない」という空気が流れたのだ。

この流れは、1992年に成立した「国際連合平和維持活動等に対する協力に関する法律」、いわゆる「PKO協力法」によって決定づけられた。国連によるPKO(国際平和維持活動)に参加するため、自衛隊の海外派遣が開始され、訓練もその活動に沿った内容がメインになったのだ。同年のカンボジアPKOを皮切りに、世界各地へ陸自の隊員たちは活動の場を広げていった。

また、災害派遣での活躍は目覚ましかった。阪神淡路大震災、地下鉄サリン事件(1995年)をはじめ、これまで数多くの災害に緊急対応している。特に、東日本大震災における救援活動では、国民から隊員たちへ数多くの賛辞と感謝の言葉が送られた。

陸上自衛隊の役割は新しいフェーズに入った

2000年代に入ると、世界の「戦況」は様相を一変させることになる。'01年に発生した「米国同時多発テロ」いわゆる「911」がその契機と言えよう。つまり、国家間の戦争ではなく、アルカイダやISに代表される国家を超えた戦闘集団によってテロ活動が活発化してきたため、ゲリラ・コマンドに対応する戦術、編成が必要になってきたのだ。

「今世紀は特殊部隊の戦争」と言われたのが、2000年代の半ば頃だ。私も軍、警察を問わず世界中の特殊部隊を取材し、その精練ぶりを実感した。日本においても、陸自は警察との連携が図られるようになり、都市部における対抗組織への対応を強化するようになっていった。

そして、いよいよ中国の脅威が現実的なものとなるにつれ、陸自は2013年の防衛大綱に基づき、島嶼防衛への備えを急速に進めていくことになる。「日本版海兵隊」と呼ばれる水陸機動団や、その上級単位となる陸上総隊の創設を経て、サイバー戦、電磁波戦を含めた多次元統合防衛力の強化は、陸自にとって最重要任務となっている。島嶼防衛、特に離島奪還にかかわる作戦で、彼らはその主役と言えるのだ。

陸自には優秀な現場指揮官が多数いて、それぞれの任務を忠実に実行する能力を持っている。陸自は米軍と同じく、いわゆる「任務戦術(または訓令戦術)」を用いており、その

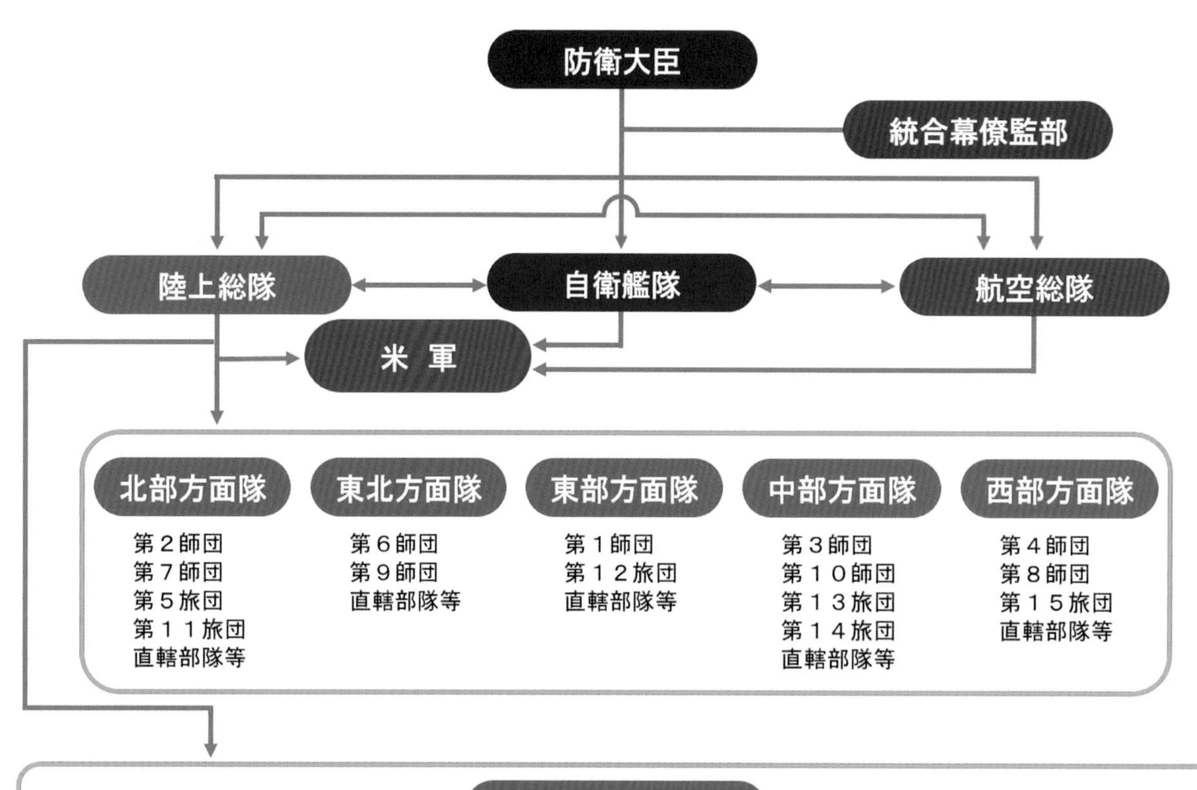

都度、上級指揮官からの命令を待つのではなく、戦況によって臨機応変に判断を下し、戦い方を決めていくという手法だ。

上級の指揮官は、現場からの報告を受け、任務の達成度を確認したり、兵員増強の必要性を判断したりする。そこには、上位と下位の部隊間の信頼関係が不可欠である。彼らにはその絆がしっかりと結ばれているのだ。

いま陸上自衛隊がどのような組織構成となっているかは上図で示した。ここで注目すべきは、2018年に創設された陸上総隊である。防衛大臣直轄部隊であり、多次元統合防衛にあたって最も大きな責務を負う。海上自衛隊、航空自衛隊、さらには米軍との連携においてもその中心となる。もちろん、各方面隊にもそれぞれ重要な任務があり、日本の国土防衛に大きな貢献を果たしている。

私は、陸自が日本を守るために、なかでも、今そこにある島嶼部の危機に対処するために、いかなる部隊編成を行い、どのような装備を持ち、どれほど過酷な訓練に臨んでいるのか、できるだけ多くの日本人に知ってもらいたいと考え、本書を著した。その重要性をご理解いただければ幸いである。

2022年盛夏　笹川英夫

JGSDF/Elite Soldiers

尖閣奪還へ立ち向かえ!
緊迫する国土防衛に臨む最前線

陸上自衛隊の精鋭たち

ロシア軍によるウクライナ侵攻は「対岸の火事」ではない。アジアの覇権を狙う国は虎視眈々と日本の領土を狙っている。尖閣諸島の有事に備え、国土防衛のために再編された精鋭部隊の実力と最新装備を紹介する。

精鋭ファイル | 01 AMPHIBIOUS RAPID DEPLOYMENT BRIGADE

尖閣奪還の切り札となる日の丸海兵隊

水陸機動団

「国境の島」に迫る敵国の脅威に立ち向かうべく編成された陸自の最強・最新組織である水機団は、水陸両用車AAV-7など固有の新装備を有する本格的な島嶼防衛部隊である。「現代の防人たち」の活動を紹介しよう。

DATA

項目	内容
■創設	2018年
■上級単位	陸上総隊
■総員	約2400名
■所在地	長崎県佐世保市
■編制地	相浦駐屯地
■担当地	全国
■略称	水機団
■部隊章	金鵄、天叢雲剣

中国の海洋進出に備え 護りを固める防人たち

わずか38万平方キロ弱の面積しか有していないわが国だが、意外にも、その入り組んだ海外線の全長は3万キロに迫り、世界で6番目にランクされる。長大な海岸線に加え、大小多くの島々があり無人島の総数は６４００を数える。この点が国土防衛上の重要な課題であることは間違いない。

冷戦の終結後、ソ連の脅威に代わって中国による海洋進出が明白となり、島嶼防衛を担う西部方面普通科連隊が新設されたのは２００２年。その後、２０１２年９月に中国人民軍初の空母「遼寧」が就役するなど、アジア太平洋地域の安全保障環境の緊迫度が高まる中、２０１５年版防衛白書で提示されたのが「水陸機動団編成計画」である。

準備と調整を重ね、長崎県佐世保市相浦駐屯地で水陸機動団が正式に編成されたのが２０１８年３月27日。この国に自衛隊が発足して60年余り、水陸両用の戦闘を専門とする部隊が初めて誕生した瞬間だった。

もともと島嶼防衛部隊として設立された６００名規模の西部方面普通科連隊を改編。現在は第１水陸機動連隊、第２水陸機動連隊を主力に構成されているが、水機団は２

上陸作戦訓練が終わり、母艦のLST(戦車揚陸艦)に帰投のため、再び自力で海上をウオータージェットとキャタピラー推進で航行するAAV-7。

CRRCでの隠密侵入は上陸作戦に先駆けていまだ重要な任務だ。

０２３年度に３つ目の連隊が編成され、３０００人規模の組織へと戦力が強化される予定だ。

この「日の丸海兵隊」＝水機団の一員となるには、水陸両用訓練課程を通過しなければならない。その基礎訓練の様子を覗いてみよう。

種子島の長浜海岸で行なわれた上陸訓練では、隊員はＣＲＲＣ（戦闘強襲偵察用舟艇）通称クリックと呼ばれる大型ゴムボート１艘８名に分かれ、１㎞沖の教官が待機する地点までパドルで航走、そこでボートから落水して復帰する演練の後、海岸に戻りボートを担ぎ上げ、さらに２キロを徒歩移動。最後の１００ｍは全力疾走という行程を何度か繰り返すというハードな内容で、体力とチームワークを高めるのが目的だという。

ちなみに、全国から集まる志願参加者は年齢層にも幅があるという。自衛官の胸を焦がすのは現代の防人への憧れなのかもしれない。

水機団に配属されてからの訓練は、多種多様に繰り返される。ＣＲＲＣの他、ＡＡＶ-７を使った上陸戦の演習や、海岸堡の構築、夜間潜入、負傷者の救出などなど……。心身ともに消耗するメニューは半端な気持ちでは続けられようもない。訓練の現場からは、国土防衛の厳しさが否応なく伝わってくるのだった。

砂上からフィンをつけたままの迅速な水中侵入訓練。

水陸両用作戦の要を担う水機団

水陸両用作戦はもちろん、洋上からの敵地上陸に始まる。水陸両用の装甲車ともいえるAAV-7で進攻する場合もあるが、上陸用舟艇を使った徒歩上陸が基本だ。

CRRC（ゾディアックボート社製）の船体（最大10人乗り、乾燥重量146kg）は、独立した8つの気密区域に分かれており、たとえ被弾して一部から空気が漏れても沈没する心配はほとんどない。また、高速で航行する機動性と、パドルで静かに進むステルス性双方の強みも発揮する。

乗船する隊員は、空気抵抗を軽減し、また発見されないため舷側に低くへばりつくのが基本姿勢。途中から水中に飛び込み、フィン泳で上陸する場合もあるので、さまざまな動きが身に染み込むまで、訓練は繰り返し行なわれる。

CRRCを担ぎ2kmのランニング。闘志と体力、チームワークを養う。

空気抵抗と着弾を防ぐための低姿勢。

カポック（フロート）は本来黒色であり、迷彩柄は教育訓練用だ。

小銃、弾薬200発および1週間程度の糧食を詰めたフル装備で2kmの水泳が隊員には課せられる。

上陸作戦

水上を最高戦闘速度で航行するCRRC。

先頭の隊員はそのまま正面を制圧しつつ、ひとりが扉側を警戒するなか、導爆線をドアノブに設置する。

玄関扉に近づく4人チームの施設小隊の隊員たち。4人目の隊員は後方を警戒している。

近接戦闘

先頭で突入した隊員が正面側を警戒、2人目が廊下側、3人目は部屋全体を射界に捉えた。

的確に無言の連携で行動する団員たち

言うまでもなく上陸は任務のゴールではなく、目的は安全を確保して前進拠点を作ることにある。そのため上陸直後、敵地に立つ建造物を確認し、危険を無力化する作戦行動は重要だ。ここでは長崎空港に近い大村湾を望む「大野原演習場」で行なわれた「応用爆破訓練」をルポしてみよう。

海岸から上陸した隊員は装備を整え、4人1組のチームを組んで索敵に向かう。演習では実際の建物ではなく、地面に間取りを示したロープと扉や壁を模したベニヤ板が立てられている。まず着手するのが、施錠された扉を爆破して室内に侵入するドア・ブリーチング。ドアを破るのに使用されるのは、アクション映画などでお馴染みのC４爆薬である。標的に仕掛け、導爆線を引いてきて安全な場所で電気式で起爆する。

突破してポイントマン(先導役)がやや右前へ出ると、2人目がほぼ同時に脇を固めて左側前方に小銃を向けて構えるや、先頭の左肩をポンと叩く。残りの2人はピタリと後方の左右をカバーする。動きに迷いや滞りはない。

建物内の危険を除去するまで、チームは言葉を交わして確認したり、指示し合うこともない。すべては無言の流れ作業を見ているようだった。

爆薬を設置し、安全圏である後ろの部屋に再集結。爆破突入のタイミングを計る。

左の部屋の扉を爆破した瞬間。いったんチームは玄関左側の廊下まで下がり、身を隠した。

ここでは非電気式（導火線に着火し、爆破までの時間を調整する方法）が用いられた。

手榴弾の投擲動作。「立ち投げ姿勢、上手投げ」との指示が出され、順番に投擲を行なった。

爆発の瞬間。一瞬だけオレンジ色の炎が見えるが、ほとんどは黒煙だった。

導爆線でドアノブ付近を爆破し、室内に突入する隊員たち。

刻々と変化する任務

上陸後の近接戦闘では、ありとあらゆる状況が想定される。建物に突入して複数の部屋をクリアリングするためには、4人1組の隊員が決まった役割分担をこなすというより、各々が臨機応変に互いをカバーする必要がある。

もちろん爆発物を扱う場合、誰がどの行程を担うのかあらかじめ決めておかなければならない。しかし、不測の事態で予定通りの分担ができないからと言って、敵は待っていてはくれないし、どんなエクスキューズも許されない。

そのため水陸機動団では、先導役、突入補佐役、後方警戒役といった役回りを固定せず、隊員は作戦行動の展開に従って有機的に、順不同的に役割りを交換しつつ任務を遂行していく。それが戦場でのサバイバル術なのだ。

基礎を体得し行動のスキルアップを図る

陸上自衛隊内において誕生間もない組織ながら、最も注目を浴びている水陸機動団のレンジャー訓練とは果たしてどんなものだろうか？

レンジャー訓練と言えば、鬼教官が訓練生をシゴキまくる過酷さが頭に浮かぶが、さにあらず。かつては落伍者をつまみ出す「落とす訓練」のイメージがあったが、最近は「育てる訓練」へと変容しているというのである。

「以前のように理不尽に罵声を浴びせるのではなく、ミスや間違いがあると理由を説明して、理解・納得を得られるよう努めている」

というのが担当教官の語る現状だ。これも時代も要請なのだろうか。

なお、相浦（あいのうら）駐屯地で実施される水機団のレンジャー訓練は「基礎訓練」と「行動訓練」の2種類。このうち基礎訓練とは、行動訓練を受けるにふさわしい体力と知識・技能を習得するための行程だという。

「日の丸海兵隊」とはいえ、水機団は普通科連隊の新編成部隊。普通科ということは戦車や重機材を持たない軽歩兵部隊に過ぎないということでもある。

この限られた火力で、島嶼防衛の最前線を担うためには、特殊な力が不可欠なのだろう。敵を跳ね返す知恵と技術、経験と信念を鍛えるのが、レンジャー訓練なのだ。

レンジャー訓練

待ち伏せ攻撃を想定し射撃組の攻撃で停止した車輌隊の正面から、横隊で接近する襲撃組。

レンジャー隊員は体力、精神面で最高の状態を保たねばならない。訓練の開始と終了時にはランニングを欠かさない。

敵野営地に突入する襲撃組。訓練では空砲が使用され、乾いた発砲音が駐屯地内に響く。

射撃と突入のコンビネーション

最初に取材したのは、基礎訓練の中の「襲撃」の訓練。本来、こうした作戦行動やその訓練は夜間行なわれるものだが、今回は訓練生が手順を理解するための、いわば訓練のための訓練である。

なだらかな起伏のある演習場には20m四方にわたる敵の「野営地」が設定され、高台に陣を敷いた訓練生たちは「射撃組」と「襲撃組」の2組に分かれて、これを攻略する。前者は支援射撃で敵を動揺させ、後者が突入して敵戦力を無力化するのだ。

射撃前の待機姿勢が不十分という教官からの叱声が聞こえたかと思うと、攻める襲撃組には「倒れている敵兵も撃て」との命令が班長から飛んだ。訓練の厳しさは、本番を迎えるまで緩むことはないのだろう。

倒れた敵兵を前に、前進する襲撃組。「倒れている敵を撃て！」との指示が部隊を率いる班長から飛ぶ。確実に無力化できているか、死んだふりをしていないか、実戦では最重要であるからだ。

待ち伏せからの強襲で敵を制圧

襲撃訓練とは別の日、「伏撃訓練」が行われた。伏撃とは、言ってみれば「待ち伏せ」である。敵の野営地を攻める襲撃と違い、道路上を移動する敵の車両隊列が攻撃対象になるため、訓練場は広域にわたることになる。部隊は前回の「襲撃」と同様、射撃組と襲撃組に分かれて敵を待ち構える。伏撃の場合、敵の規模や動きを事前に察知することが難しいので、部隊の連携は臨機応変の対応が求められる。

訓練では「斥候」からの連絡を受けて作戦行動が始まる。斥候の偵察結果に従って先頭車両をやり過ごし、主力が接近したところで地雷を起爆。一斉射撃から4台の敵車列を制圧した。しかし、目視のきかない夜間であったら、敵の応援部隊が続いていたら……と不安点も残る。常に備えを万全に敵を待つしかないのだ。

襲撃組（下）と援護する射撃組（右上）。それぞれが攻撃開始位置に急いで展開する。

装備ファイル 01

水機団上陸への切り札となる武装車両

AAV-7 水陸両用強襲輸送車7型

ASSAULT AMPHIBIOUS VEHICLE

敵対地域へ水機団を輸送し、自らも内陸へと進攻する「尖閣攻防」のエース。これが水陸両用の最強ビークル「AAV-7」の実力だ。

海から陸へ展開する水陸両用の主力装備

2018年までに参考品を含めて58両が導入されたAAV-7は、島嶼防衛を担う陸上総隊直轄の水陸機動団に集中配備されている。

同車両は1960年代後半に米海兵隊のために開発されたLVTP7の近代化改修版であり、'72年から運用されている。水陸両用作戦時に強襲揚陸艦などから直線洋上に展開し、海岸部へと自走して兵員とともに上陸作戦の中核をなす。

洋上ではウォータージェットが主な推進力となり、そこへキャタピラが加わり最大13km／hで航行。陸上では最高72km／hの速度で移動する。上陸後には兵員輸送車の機能も持ち、実際に湾岸戦争（1990～'91年）やイラク戦争（2003～'11年）では戦闘員の輸送に活用された。

操縦手、機銃手、車長の3名の他、上陸戦闘員21名、あるいは軽汎用車両を1両搭載できるAAV-7は、武装としてMk19グレネードランチャー（40㎜自動擲弾銃）と50口径のM2マシンガンを搭載している。陸上自衛隊の配備車両は兵員輸送型（AAVP-7）が主であるが、指揮通信車型（AAVC-7）、回収車型（AAVR-7）も数量導入している。

NAME **AAV-7**

■全長：8.161m ■全幅：3.269m ■全高：3.315m
■重量：25.652t
■乗員数3名+兵員25名収容、または貨物4.5t

【装甲・武装】
■装甲：44.45-7.4㎜ ■主武装：12.7㎜重機関銃M85×1など

【機動力】
■速度：72.42㎞/h（地上整地時）、13㎞/h（水上航行時）

【エンジン】
デトロイトディーゼル社製 8V-53T：V型8気筒2ストローク液冷ターボチャージド・ディーゼル（出力=400hp）、またはカミンズ社製 VT400：V型8気筒4ストロークターボチャージド・ディーゼル（出力=525hp）

【行動距離】
■483㎞（地上整地時） ■72㎞（水上航行時）
■3.7㎞/2海里（海上発進時）

装備ファイル 02

従来のヘリをはるかに超える高性能な垂直離着陸機

V-22 オスプレイ 最新鋭輸送機

V-22 OSPREY

高速で航続距離の長い大量輸送を可能にしたことで、自衛隊の展開能力を飛躍的に高めた「オスプレイ」は、島嶼防衛や東アジアの安全保障に欠かせない装備だ。他にも、遠隔地にいる民間人の救済活動を短時間で行い、災害時には被災地へ急行し、輸送支援や医療支援など、さまざまな局面で大きな役割を果たすことになる。なお、開発中に4度発生した事故を踏まえて、その後、機能の追加や再設計が施され、技術的な問題はクリアされているようだ。

ヘリの機動性と航空機の航続距離を両立させた

米軍向けにベル社とボーイング社が開発したV-22(オスプレイ)は、米軍および自衛隊の主力輸送機である。海兵隊向けの「MV」と空軍向けの「CV」があり、陸上自衛隊が採用したのは前者である。

両端についたローターとエンジン部を垂直にすることで、ヘリコプターのような垂直離着陸やホバリングができる。また、プロペラ飛行機のような航続距離の長い水平高速飛行が可能で、短い滑走で迅速に離陸できるSTOL機能も併せ持つ。

時速約500km/hは旧型の米海兵隊のヘリコプターCH46の2倍近く速く、航続距離は約3900kmで同機の5倍以上、行動半径も約600kmと約4倍だ。空中給油も可能で、1回の補給によって行動半径は1000kmを超える。

このように、ヘリとは別次元のズバ抜けた性能を有するV-22は、沖縄から発進すれば朝鮮半島、中国大陸東部、南シナ海まで広範囲に兵員24名を輸送可能。飛行高度は最高約7500mと地上からの対空攻撃も受けにくい。かくして、中国、北朝鮮に対する大きな抑止力となっているのだ。

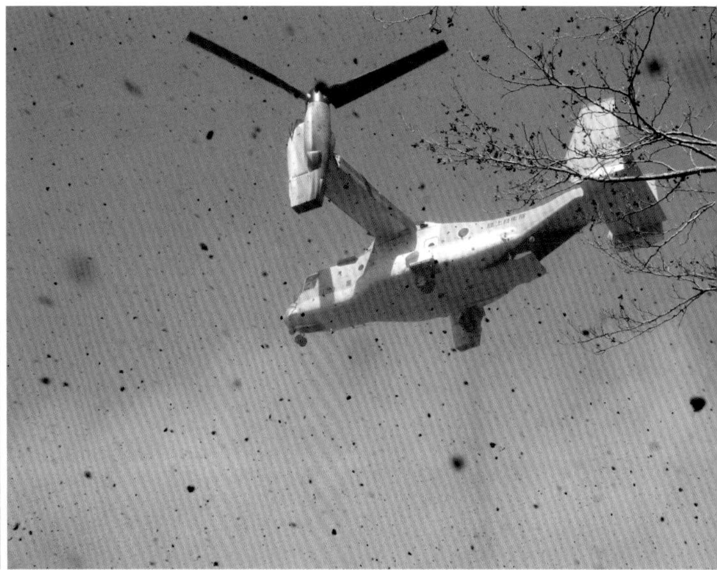

NAME **V-22 オスプレイ**

■全長:17.5m　■全幅:25.8m（格納時19.2m）
■全高:6.73m（格納時5.6m）　■自重:約1.6t　■回転翼直径:約11.6m

【エンジン】
ロールスロイス製AE1107C／2基　（最高出力:4586kw）

【性能】
■最大速力:約520km/h　■巡航速力:約490km/h
■航続距離:約3900km　■行動半径:約600km（約1100km/空中給油1回）
■輸送兵員数:24名　■搭乗員数:3~4名
■積載量:約9100kg（内部）約5700kg（外部）
■最高飛行高度:7500m

装備ファイル 03

島嶼防衛を想定した最新アサルトライフル

20式 5.56mm小銃

HOWA TYPE 20 ASSAULT RIFLE

2020年に制式採用された最新の陸上自衛隊アサルトライフルは、防錆性能、排水性を重視した島嶼防衛に適した仕様が特徴となっている。国産装備品の象徴となるべく「HOWA5.56」の愛称がつけられた。

欧州の老舗メーカーに勝って採用された国産品

2019年12月に採用が発表された「20式小銃」は、自衛隊にとって3代目となる戦後型国産小銃だ。現在もなお主力として使用されている「89式小銃」が採用されたのが1989年のこと。西側諸国が5・56×45mm弾に移行している状況に対応した同小銃も、すでに運用開始から30年余り経過し、旧式化した部分が散見されるようになったためである。

採用に先立ち、世界中の特殊部隊などで使用されているHK416(ドイツH&K社製)ならびにFNス

89式小銃で問題視されていた安全装置の機構なども改善され隊員には好評だ。

カール(ベルギーFNハースタル社製)との比較トライアルが行われ、その結果、「20式」がこれら老舗メーカーの最新世代の製品を退けたのだ。生産元は、前述の「89式」も製造した豊和工業である。

実はこの「20式」には水陸機動団の要求やアドバイスが随所に散りばめられている。たとえば、極力小型化すること、水はけのよい構造などがその一例でもある。もちろん、命中精度にも一切の妥協はなく完成された。

かくして「20式」は、世界のどの軍用ライフルと比較しても引けをとらない性能を獲得。現在の陸上自衛隊の本気度を具現化した新装備となったのである。

ブルガ&トーメ社（スイス）のバーチカルグリップは、展開するとバイポット（2脚）になり、銃身下部にはベレッタ社（イタリア）のグレネードランチャーも装着可能。また、プラスチックのマガジンはマカプル社（米国）の製品だ。このように、海外から積極的に優れた部品を導入しているのも「20式」の特徴である。

水機団の本拠地、相浦駐屯地内で新しく支給された20式小銃で訓練に励む隊員たち。

世界最新鋭の小銃となった「20式」

島嶼部の戦闘を前提に耐環境性能（水・砂・錆）の大幅な向上が図られた「20式」は、銃身などに軍用ライフルでは例を見ないステンレス材を採用し、小型軽量化に成功。高度なコーティング技術（デフリックコート）を導入することで排水性も向上している。そして、イタリア製40㎜小銃擲弾装置をはじめ、各種光学照準器や夜間照明補助具など、現代戦では不可欠なアクセサリー類が装着可能なレイルインターフェイスシステムを搭載。さらに、2脚内蔵のスイス製フォアグリップ（前方把握）が採用されたことで銃全体のバランスがより洗練され、バトルライフルとしての戦闘力も非常にアップした。

■口径:5.56㎜　■本体重量:3.5㎏
■全長:783/854㎜（最短/最長）　※銃床部5段調整可能
■装弾数:30発

「20式」は89式小銃より銃身が10cmも短縮されたにもかかわらず、発射時のコントロール性能は良好。安全装置の解除操作なども大きく改善され、隊員たちからは高く評価されている。

上陸作戦で彼らが搭乗するAAV-7の前で居並ぶ水機団の精鋭たち。

邦人救出など国際的な緊急事態に対応する

中央即応連隊
戦技訓練班

派遣部隊の先遣隊として世界を舞台に活躍を続ける中即連は、主力部隊の活動基盤の準備を担う自衛隊唯一の国際任務先遣隊だ。国際平和活動などの緊急事態にも対応する。

DATA

■創設	2008年
■上級単位	陸上総隊
■任務	国際活動先遣
■総員	約700名
■所在地	栃木県宇都宮市
■編制地	宇都宮駐屯地
■担当地	全世界
■略称	中即連・戦訓班

生死を分ける一瞬に備える閉所での戦技訓練

1992年にPKO協力法が成立して以来、その都度、最初に骨を折るのが中央即応連隊である。

海外での緊急事態に対応するため2008年に新編されたこの組織は、自衛隊における唯一の国際任務の先遣部隊として数々の活動実績を誇る。近年では'21年、カブール陥落時のアフガニスタン在留邦人の輸送任務などが記憶に新しい。

海外の紛争地や災害地に先遣として急行し、主力部隊が到着するまで活動基盤を設営するとともに、現地の人々と協力して安全環境を整備する。その任務の内容は想像以上に過酷、かつ多大なる困難を伴う。

全国からの志願制で構成される所属隊員の中には、英会話に堪能な者や格闘術に優れた者が多いのもこの連隊の特徴。ほとんどの隊員に小銃の他、9㎜口径の拳銃が個人装備として支給されているのもユニークなところだ。

中央即応連隊の派遣先は、大規模戦闘の最前線よりも、ゲリラやテロ攻撃もあり得る紛争危険地帯が想定されている。そうした状況下で最も必要とされるのが、近接戦闘（CQB：Close Quarters Battle）あるいは

近接戦闘

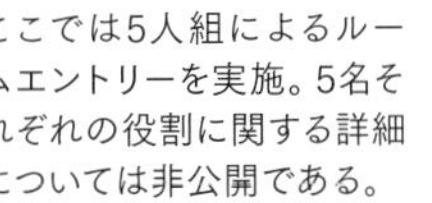

ここでは5人組によるルームエントリーを実施。5名それぞれの役割に関する詳細については非公開である。

近接格闘(CQC:Close Quarters Combat)と呼ばれる隊員一人ひとりの戦闘技術だ。日々行われる訓練もその能力向上を目指すものだ。

市街地のビルの一室での索敵や不審船舶の臨検など、狭く限られた空間での交戦は前触れもなく始まり、一瞬にして生死を分ける危険性が高い。陸自ではこれを「閉所戦闘」と総称して、銃器以外の武器を使った格闘術の重要性も指摘。中即連では常にこうした戦技訓練が行われている。

2022年2月、ロシアによるウクライナ侵攻は突如として開始された。多くの人々が無残に命を絶たれ、住む家を奪われ、街を追われる悲惨な戦争の先行きはいまだに不透明だ。

戦火の影響は全世界に及んでいるが、欧州に暮らす日本人にとって他人事ではない。この先、場合によっては在外邦人の保護や救出がわが国の急務となる事態も想定しないわけにはいかない。

そんなとき、何よりも頼りになるのは、われらが中央即応連隊をおいて他にあるまい。彼らの左肩に貼りつく「日の丸」ワッペンを目にすれば、すぐにも強力な援軍が駆けつける希望が湧いてくる。

中即連の戦技訓練は、混沌を深める世界情勢の中、ますます熱を帯びていることだろう。

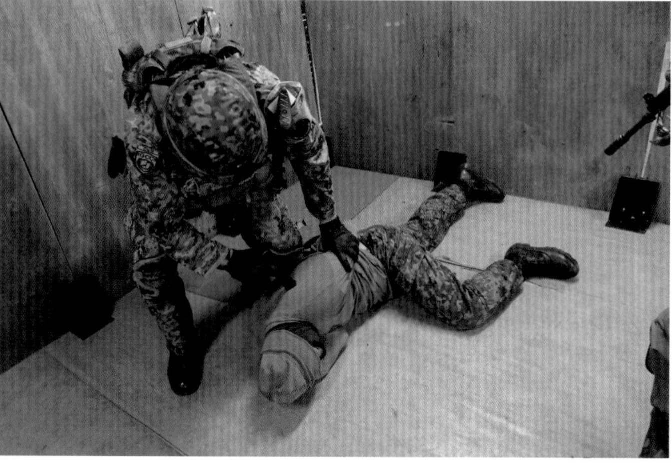

邦人救出作戦を想定した訓練の1コマ。非武装アンノウン（敵味方不明者）が銃を掴んで抵抗してきた場合の制圧までの流れ。

瞬時の判断で閉所を制圧

CQBの交戦距離は、ほぼ30m以内。拳銃やサブマシンガンなどで応戦するが、さらに近いCQCとなると銃器ではなく、ナイフ、警棒といった武器か素手による白兵戦が主体になる（写真上1〜4、左A〜Dの流れ）。戦場での格闘術、いわゆるマーシャルアーツは各国、各民族に特有な体術として伝えられてきたものが取り入れられている。が、どの国のどの術が最強、などといった評価は下せるものではない。

近接戦闘の訓練では5人がチームを組み、敵が何人でどこに位置しているか、武装しているか非武装かなどを瞬時に判断し、役割に従って素早く応戦態勢に入る。射撃で相手を無力化するか、格闘によって敵を制圧、チームの支配する空間を安全にするまでが任務だ。

↓中即連の戦訓班インストラクター。高い戦闘能力と緻密な判断力を併せ持つプロフェッショナル集団である。

装備ファイル 04

耐水・撃発性能を向上させた最新拳銃
SFP 9
STRIKER FIRED PISTOL 9MM

世界有数の武器メーカー、ヘッケラー＆コッホ社が開発した最新型拳銃、SFP9が2019年、自衛隊に制式採用された。その実射訓練の模様をレポートする。

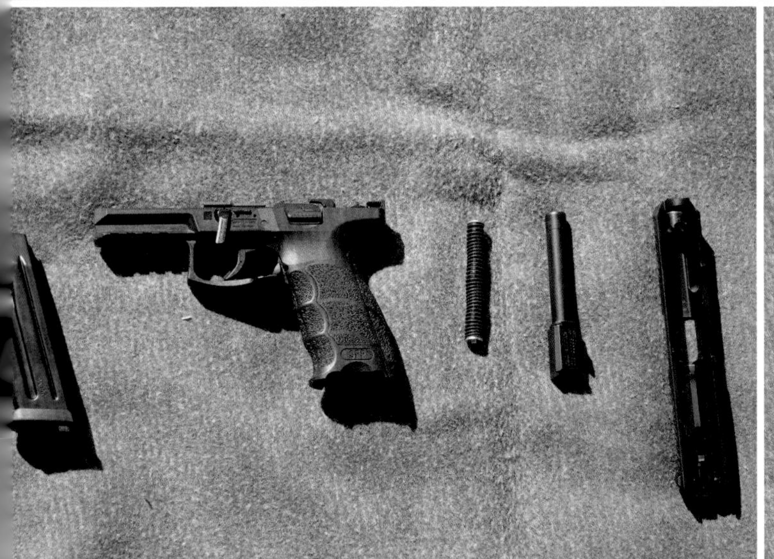

次世代に向けて戦闘力を重視した

銃上部のスライド左側面に錨とトライデント（海の神ポセイドンの武器）を組み合わせたマークが刻印されている。「M」は「海軍（ドイツ語でマリティマ）仕様である」という意味だ。島嶼防衛を念頭に自衛隊がOTB（Over The Beach）機能を求めたことがわかる（写真上）。

かつてピストルは下士官以上、または職務上ライフルなどの大型火器を携帯することが困難な兵員の自衛用だったが、現代においてそれは積極的に戦うための個人携行兵器へと変革した。SFP9Mが選ばれた理由もここにある。次世代に向けて戦闘力が重視され、その結果、最も相応しい銃と認められたからだ。

【仕様】■口径:9㎜　■重量:710g
■全長:186㎜　■装弾数:20発

戦訓班の隊員は任務中には通常拳銃、小銃弾合計200発余りを携行する。

↑立ち撃ちの姿勢でSFP9を射撃する隊員。写真では大きなマズルフラッシュが捉えられているが、実際には一瞬のことであり、映画のように目が眩むほどではない。

島嶼防衛を前提として性能を向上させた

２０１９年12月、防衛省は陸・海・空自衛隊の新規制式拳銃としてヘッケラー＆コッホ社製のＳＦＰ９Ｍの採用を決定した。それまで装備してきた同じドイツ製ＳＩＧ　Ｐ２２０の後継である。

国内でライセンス生産もされた、名銃の誉れ高い先代のＰ２２０が採用されたのは１９８２年。実に37年ぶりの制式交代は、東アジアの安全保障情勢の変化の影響を受けてのものだ。

新採用のＳＦＰ９は、設計段階から水陸両用戦を想定したモデルであり、水中ならびに上陸直後の発砲性能が特長となる。つまり、重要性が増す一方の島嶼防衛を強く意識した制式拳銃の選定なのだ。それは時を同じくして、制式小銃が30年ぶりに耐腐食性、排水性に優れた20式小銃に更新されたこととも通じる。

国土防衛の最前線は、時代とともに厳しさを増し、様相を変えつつある。その担い手の命を守る最も身近な武器となる拳銃の存在価値は、けっして小さくない。

若き精鋭たちが弾倉に実弾を込める手つきや、標的に正対して構える姿勢、照準を差す鋭い視線に、銃との熱い一体感を感じるのだった。

見事なファーストドロウとプローン射撃姿勢を披露してくれた戦訓班インストラクター。

広大な島嶼部を舞台に海からの脅威に対峙

日本の地理的特性を踏まえ、さまざまな軍事的脅威や大規模災害を想定した第15旅団の編成は、「離島型即応近代化旅団」と呼ばれる独自の陣容となっている。

南西諸島と一括りにしても、鹿児島県種子島や屋久島、奄美諸島から沖縄をはさんで宮古島を含め先島諸島、石垣島や与那国島からなる八重山諸島に至る全長は1200㎞、東西は1000㎞にも及ぶ。この広大な範囲をおよそ2500名の隊員でカバーするのだから、旅団に課せられた任務と責任は非常に重い。

160もの島々が海で分かたれているため、第15旅団は陸上での重装備は持たず、代わりに航空能力、情報収集力が強化されているのが特徴。島嶼部に危険が迫った際、現場へのCRRCやフィン泳法による潜入上陸、ヘリコプターからの降下後に輸送したオートバイを使った機動的な偵察活動などは、離島部隊らしい特性だと言えよう。

危機は海の向こうからやって来る。その兆しをいち早くとらえ、被害を未然に防ぐべく備える。その意味で、第15旅団の偵察隊と情報隊は、島嶼防衛の眼であり耳と言ってもよい。

同時に、宮古島他5カ所の分屯地には対空のミサイル部隊が配備されていることで、事実上の「槍の穂先」ともなっている。

有事でなくとも、旅団の存在は欠かせない。医療体制が十分でない島嶼地域にあって、民間と比べて圧倒的な航続距離をもつ航空部隊は、まさに頼みの綱。離島で発生した緊急患者を安全かつ迅速に大規模医療機関へと空輸することもまた、かけがえのない任務なのだ。

遡ること太平洋戦争末期、唯一国内の戦場となった沖縄には、艦砲弾や野砲弾などおよそ1万トンにも上る不発弾が残されたと言われている。

沖縄返還以降、在日米軍から自衛隊に移管されたこの不発弾の処理作業は、今も辛抱強く慎重に行われている。旅団発足以前からこの任に当たってきた101不発弾処理隊は、毎年約700件(20トン前後)を処分しているという。ほぼ毎日緊急出動しているのが実情である。

隊のモットーは「我ら処理に励みて、美ら海やすらかなり」――沖縄に背負わされた悲しみの歴史を振り返れば、この言葉は不発弾処理に限らず、島嶼防衛を担う隊員すべての胸に深々と刻まれている思いを表わしているのだろう。

DATA

■創設	2010年
■上級単位	西部方面隊
■総員	約2500名
■所在地	沖縄県那覇市
■編制地	那覇駐屯地
■担当地	沖縄県(緊急患者の空輸は鹿児島県奄美以南)
■部隊章	シーサー(沖縄伝統の守り神)

精鋭ファイル 03 JGSDF 15TH BRIGADE

島嶼防衛の最前線・美ら海の護り

第15旅団

160もの島々がある沖縄県にあって、不測の事態に備える第15旅団はまさに離島防衛の最前線だ。平時においても緊急患者空輸や不発弾処理、災害対応など地域密着の活動を続けている。

多様な危機に対応して国民の命を守る

第15ヘリコプター隊は、空自那覇基地に駐屯する陸自第15旅団に所属する航空部隊で、UH-60JA、UH-47JAのヘリ2機のほか、プロペラ双発の偵察航空機LR-2も配備されている。多用途偵察機・通称「ロクマル」と呼ばれるUH-60JAは、湾岸戦争などでも活躍した米軍のUH-60（ブラックホーク）の改良型で、双発ローターの大型輸送ヘリCH-47JA（チヌーク）と組んで災害時の機動作戦に臨むことも多い。加えて島嶼防衛旅団特有の編成としては、生物化学兵器や放射性物質にも対応する「特殊武器防護隊」も組み込まれている。地下鉄サリン事件の記憶は薄れつつあるが、日常を破る緊急事態はいつ、どこで起こっても不思議はない時代。有事平時を問わず国民の命を守る自衛隊の活動の重要さに、改めて思いが及ぶ。

偵察隊

ヘリコプター隊

航空自衛隊 那覇基地に駐屯している第15旅団の航空部隊であり、島嶼地域の地理的特性から有事の際の部隊・装備の迅速な展開や、索敵任務で他の陸自航空部隊より大きな役割が期待されている。

不発弾処理隊

沖縄戦では9万発あまりの艦砲射撃を被り、今だに2000トンの不発弾が存在する。101不発弾処理隊では現在でも毎年約700件（20トン前後）の不発弾を処理している。

特殊武器防護隊

特殊武器とは生物・化学兵器、放射性物質（いわゆるNBC兵器）のことであり、第15特殊武器防護隊は第15旅団のためにこれら特殊武器からの防護を行なう。近年では北朝鮮による弾道ミサイルがNBC弾頭を搭載する場合があるため、特殊武器防護隊はミサイル攻撃対処との関わりも深い。

中隊

南西諸島の不穏な動きに目を光らせる先端部隊

第３０２地対艦ミサイル部隊は、１９９８年３月に西部方面直轄部隊として編成され、２００３年３月に旧第３特科群を母体として新編された西部方面特科隊の隷下へ移行し、現在に至る。陸上自衛隊に５個編成されている地対艦ミサイル部隊のうち唯一、12式地対艦誘導弾を装備、運用する第５地対艦ミサイル連隊に所属しており、南洋の防備がいかに重要であるかが窺える。

２０２０年３月に同隊が宮古島駐屯地に編成されるまで、同島は航空自衛隊レーダーサイトと20名規模の警備小隊が置かれるのみだったが、今や日々高まる大陸からの軍事圧力への抑止基盤が整ったことになる。

同駐屯地の佐藤慎二司令は編成完結行事において以下のように述べている。

「宮古島は東シナ海と太平洋を隔てる要所であり、南西防衛の第一線だ。我々の配備は島嶼を守り抜くというわが国の断固たる意志を示し、広大な南西地域の部隊配備の空白を埋める一助となる」

立地的に見ても、宮古島がその任に最も相応しい場所であることがわかろうというものだ。この第３０２

南洋の護りを固める最新ミサイル迎撃体制

第302地対艦ミサイル中隊

侵攻勢力の艦船を撃破するために創設された各地対艦ミサイル連隊にあって、第5地対艦ミサイル連隊隷下の第302中隊は2020年、宮古島駐屯地に編成完結した。最新の12式地対艦誘導弾が配備されているのは第5連隊だけだ。中国の南西諸島海域進出を視野に入れていることは明らかである。

DATA

第5地対艦ミサイル連隊	
■創設	1998年
■上級単位	西部方面特科隊
■編制地	健軍駐屯地(熊本)
■総員	約450名

第302地対艦ミサイル中隊	
■創設	2020年
■所在地	沖縄県宮古島市
■編制地	宮古島駐屯地
■担当地域	先島諸島

純国産の12式地対艦ミサイルは射程200㎞。島嶼防衛の要と言える武器システムである。

地対艦ミサイル中隊は、敵水上艦への対応を主たる任務として、日本の護りをより強固とするべく、日夜鍛錬を繰り返しているのである。

2020年4月5日に新設された同中隊の編成完結行事が宮古島駐屯地で行われた。同駐屯地には'19年3月に警備部隊も配備されており、ミサイル部隊と合わせて約700人規模で運用を開始。中国軍による攻撃を想定し、島嶼部を守り抜くというわが国の断固たる意志の表れである。

日本を狙う脅威が北から南西へと移り、島嶼防衛が陸上自衛隊にとって最大のテーマとなって以来、陸自はその方針に合わせて大胆な組織改革と増強を続けてきた。そして誕生したのが、第4師団（西部方面隊）隷下の第4偵察戦闘大隊だ。機動性に優れた彼らこそ、国防新時代の象徴と言える精鋭たちである。

OPEN UP ALL THE WAYS
4th Recon & Combat Battalion
CAMP FUKUOKA

DATA

■創設	2019年
■上級単位	第4師団
■総員	約500名
■所在地	福岡県春日市
■編制地	福岡駐屯地
■担当地	九州北部

情報収集と戦闘の両面で島嶼防衛に貢献

第4偵察戦闘大隊

偵察と戦闘の両面でハイレベルな能力を発揮

　東西冷戦が終了してからすでに四半世紀を過ぎ、わが国にとって最大の仮想敵は北からよりも南西から攻めてくる存在にシフトしている。その流れに沿って、国土防衛計画や自衛隊の組織編成も改革変容せざるを得ない。

　それを顕著に体現するのが東シナ海に面した島嶼防衛を担うために編成された西部方面普通科連隊と、これを改編して2018年に創設された水陸機動団であり、そして翌'19年発足の第4偵察戦闘大隊である。

　どの師団にも情報収集を行なう偵察隊が配置されているが、中には偵察行動にとどまらず、あえて敵へ攻撃を仕掛けて反撃を喚起し、そこから敵戦力を探る「威力偵察」を行う部隊もある。

　だが、第4師団隷下の偵察隊は、それまで配備されていた87式偵察警戒車に加えて、16式機動戦闘車(MCV)を増強。従来の威力偵察のみならず、戦闘行動までもが可能な「偵察戦闘大隊」に改編されることになった。

　MCVは8輪タイヤで走行する戦闘車両で、52口径105㎜ライフル砲を搭載。他に重機関銃なども装備している。これらの火力は陸上自衛隊の主力戦車とまったく同等であるが、

第4偵察戦闘大隊は偵察中隊と戦闘中隊で構成される。戦闘中隊は16式機動戦闘車が配備されており、積極的な偵察、機動的攻撃を行う。

上陸して来る敵を迎え撃つため偽装を施し待ち受けて、偵察や攻撃を行う。

車重は軽く空輸が比較的簡便な上、平坦地では時速100㎞／hで走行が可能と、機動性に優れている。

わが国領海内の島に上陸して攻め込んでくる敵軍は、軽戦車を含む走行戦闘車両部隊を主力とすることが考えられる。これを撃破する火力を持ち、なおかつ機敏に対応できる戦力として期待されたのがこのMCVだ。2007年から三菱重工が開発に当たり、試作車が完成して実戦配備を始めたのは'16年からである。今や島嶼防衛のために必要欠くべからざる戦力なのだ。

また第4偵察戦闘大隊では計画的に、MCVの他87式偵察警戒車(6輪の装甲車で25ミリ機関砲を搭載）や96式装甲車（8輪装甲人員輸送車で40ミリ自動てき弾砲搭載）にLAV(通称・ライトアーマー＝4輪装甲車）などの拡充配備を図っている。偵察行動と戦闘と、どちらの面でも敵と対等以上に対峙できることが、専守防衛を旨とするわが国にとっての最低条件なのだ。

そのための新兵器の研究開発はたゆまず続けられているし、武器や機材を的確に扱えるよう、日夜訓練と演習に励む精鋭たちがいる。彼らも任務の重要性を自覚しているはずだ。島を守る「現代の防人」の姿が目に浮かんでくるようである。

軽装甲機動車(LAV)から前方を監視する小隊指揮官。

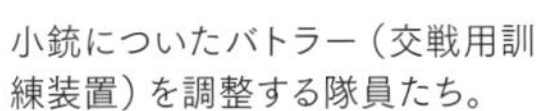

小銃についたバトラー（交戦用訓練装置）を調整する隊員たち。

バトラーが付いた110㎜個人携帯対戦車火器（通称LAM）。

偵察中隊のオートバイ偵察小隊。

今回の訓練検閲に参加するすべての隊員がレーザー光を利用したバトラーを装着していた。

89式小銃と隊員に装着されたバトラー。

見晴らしのよい高台に配置され、敵の動向を窺う偵察隊員。

16式機動戦闘車にもバトラーが装着され、発進していった。

電磁波の戦いに臨むエレクトロニック部隊

日本国政府は2018年に策定した防衛大綱の中で、電磁波の新領域を「死活的に重要」と位置づけ、体制強化に乗り出した。そして'21年3月、西部方面システム通信群の隷下部隊として「第301電子戦中隊」が配備。翌'22年には東京・朝霞駐屯地に「電子作戦隊」本部が置かれ、九州や沖縄を中心に順次新設している電子戦専門部隊を統べることとなった。

第301中隊は改編されてこの隷下に入り、同時に新設された「第101電子戦隊」とともに北海道(留萌)から朝霞、九州(相浦、健軍、奄美)、沖縄(那覇、知念)を結ぶ「ネットワーク電子戦システム(NEWS)」の運営を開始した。

さらに22年度末には高田(新潟)、米子(鳥取)、川内(鹿児島)の各駐屯地に、その翌年には国境沿いに位置する与那国島と対馬にも配備を予定。台湾/尖閣諸島を睨む大幅な防衛体制強化が進行の途上にある。

東アジアの緊張の高まりとともに重要性を増す電子戦について、第301電子戦中隊長を務める駒形真一3等陸佐は、こう話す。

「どこでどのような電磁波が利用されているか、平時から丹念に情報収

電波を収集・分析し、敵の電波利用を無力化する「NEWS／ネットワーク電子戦システム)」を運用する部隊として真っ先に発足した第301電子戦中隊は、新設された電子作戦隊に編入され、いっそう任務の重要度を増した。その装備とともに全容を明らかにする。

集しているからこそ、有事の際に新たに捕捉した情報から、相手の動きを推察することもできるわけです。この種の情報は、陸海空を問わず決定的な意味を持つので、各方面隊との連携や米軍との協力を強めながら、活用範囲を日に日に拡大させつつあります」

作戦行動の具体的内容については、軍事機密のためここで公にはできない。しかし、その内容は対抗措置のみならず、索敵行動やサイバー攻撃など敵の電子戦略を無力化する反撃能力の研究開発にも注力していることは間違いない。

２０１５年末には中国軍に電子戦を担うと見られる支援部隊が増設され、南西諸島周辺や日本海上空で電子戦機や情報収集機の飛行が度々確認されてもいる。その点においても対抗措置が急がれていた。

また、ウクライナ戦争は、実弾攻撃とサイバー攻撃を絡め合わせた初めての本格的ハイブリッド戦になっている。その枠組みは軍や政府を超えて他の国を巻き込み、一般のハッカー集団が報復攻撃に参加するという、戦争の歴史上類を見ない事態にまで発展している。

「見えない戦争」の脅威に備える電子作戦隊の存在感は、今後ますます高まってくることは間違いない。

精鋭ファイル　06　301 ELECTRONIC WARFARE CO

電磁波情報の収集を担う最先端部隊

第301電子戦中隊

DATA

電子作戦隊	
■創設	2022年
■上級単位	陸上総隊
■総員	約180名
■所在地	東京都練馬区（朝霞駐屯地）

第301電子戦中隊	
■創設	2021年
■総員	約80名
■編制地	健軍駐屯地（熊本）
■担当地域	九州・沖縄

第301電子戦中隊長

駒形真一　3等陸佐

健軍駐屯地で中隊の装備と警備風景を初公開してくれた。

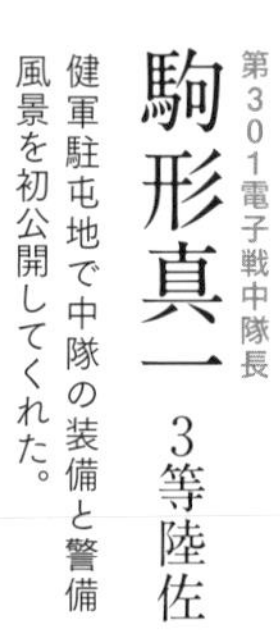

NEWSシステムの周囲を警戒する第301電子戦中隊の隊員たち。移動式の誘導弾やロケット弾チームと同じように、これらの武器を使用するときには停車しなければならない。また、警戒は隊員自ら行い、電磁波照射後には敵に照射位置を標定されるため、速やかに移動することが求められる。その時にも人員が必要になるのである。

DATA

■創設	2018年
■上級単位	西部方面隊第8師団
■総員	約800名
■所在地	熊本県熊本市
■編制地	北熊本駐屯地
■担当地	熊本県北部

装輪式車両を駆使して展開機動力を発揮

第42即応機動連隊

旧第42普通科連隊を基幹として2018年に改編された本隊は、上陸侵攻する敵を迎撃するための訓練を行っている。その舞台である日出生台演習場（大分県）は起伏に富み、島嶼戦を想定した実戦的な訓練には最適である。

16式機動戦闘車

陸上自衛隊は北海道と九州を除き、戦車部隊をほぼ全廃する大規模な戦車定数の削減を進めている。そこで登場したのが戦車のような砲塔に、タイヤ式の車体を持つ16式機動戦闘車だ。タイヤ式となったことで路上走行能力が高まり、舗装路では時速100km/h以上で疾走する。本格的な対戦車戦闘では防御力で分が悪いだろうが、普通科部隊とともに行動し、地形を活かした待ち伏せなどで同部隊に対戦車火力を提供する。また、航空機での輸送も容易なので、島嶼部での運用にはうってつけである。まさに、機動力と攻撃力を兼ね備えた新世代の戦闘車両だ。

島嶼部の危機ならびに災害に対して迅速に対応

2018年3月、前年に成立した改正自衛隊法によって陸上総隊が新たに創設された。その司令官は防衛大臣の指揮監督直下、必要な場合には直轄部隊のみならず各方面隊を指揮下に置くことができるようになったのだ。

それは、我が国を取り巻く安全保障環境の緊迫、ならびに深刻な自然災害の頻発に伴う自衛隊の迅速かつ柔軟な運用を可能とする要請に応えるためである。

そもそも陸上自衛隊西部方面隊第8師団に所属していた第42普通科連隊が改編され、第42即応機動連隊として生まれ変わったのも、各種事態への実効的かつ機動的な即応が目的だ。

こうして誕生した新生機動連隊は、近接戦闘を主眼とした普通科4個中隊を基幹的骨格として、普通科3個中隊、第8高射特科大隊と第8師団の「虎の子」とも呼ばれた第8戦車大隊のDNAを受け継ぐ。この迅速な展開力と高度な戦闘力との組み合わせこそ、即応機動連隊の本領なのである。

従来の戦車隊に代わってこの即応機動連隊に配備されているのが16式機動戦闘車だ。「第4偵察戦闘大隊」

96式装輪装甲車

自衛隊の装甲兵員輸送車としては初の装輪車両で、8輪のコンバットタイヤを装備し、パンクしてもある程度の走行を継続できる。16式機動戦闘車と同じく舗装路では時速100㎞/h以上で走行し、即応機動が可能である、第42即応機動連隊は3個の普通科中隊が基幹となっており、これらの部隊は96式装輪装甲車などにより完全機械化されている。今回の訓練でも多くの「96式」が演習場内を行き来していた。12.7㎜機関銃などの武装を持つが自衛程度のものであり、また、今回は仮想対抗部隊が戦車を上陸させたこともあって、丘陵を利用して身を隠していた。

の項でも紹介したように、従来の戦車がその重量から長距離輸送に不向きだったのに対して、クロウラー(キャタピラ)の代わりに8輪タイヤで走行する同車両は、格段の自走力と機動展開力に優れている。

また、主砲の105㎜ライフル砲は、旧式の74式戦車と同口径ながら、技術開発によって90式戦車搭載の120㎜滑腔砲に匹敵する打撃力を有する。軽量の車体ゆえに難があるとされた命中精度も、低反動化を追求した高度な射撃統制機能も導入されている。

現在のところ第2(北海道)、第8師団と第11(北海道)、第14(香川)旅団にそれぞれ1個の即応機動連隊が編成されているが、戦車のような破壊力を備える同車両は、今後新設される3個連隊にも装備されるという。

わが国の国土防衛において、なにより喫緊の課題は東シナ海に点在する南西諸島を舞台とした「島嶼防衛」に他ならない。その戦場を想定した時、96式装輪装甲車も併せ持つ本連隊は、群を抜いて機動力と展開力のある部隊になるのではないか。

これからの日本が直面する待ったなしの戦場で、そのど真ん中に立つのは紛れもない、この「第42即応機動連隊」に代表される精鋭たちに違いあるまい。

↑演習場を覆う30㎝ほどの草に身を低くして敵を迎え撃つ兵士（右上）。破壊された戦車を運ぶ78式戦車回収車も演習に参加（右下）。

16式機動戦闘車は既存の105㎜ライフル砲弾を使用する。砲身が1口径延長されており、10式戦車から反動の制御技術、射撃統制装置などの技術が流用されており、走行しながらの射撃が正確に行える。

戦闘前哨で敵を待ち構える隊員。89式小銃にはバトラー（交戦用訓練装置）が装着されている。

敵が上陸することを想定し、掩体壕（えいたいごう）から海岸一帯を監視する。敵上陸の兆候を得たら、それに先立ち行動を開始。4泊5日にわたって陣地構築を行い、必要とあらば即座に火力攻撃を加える。

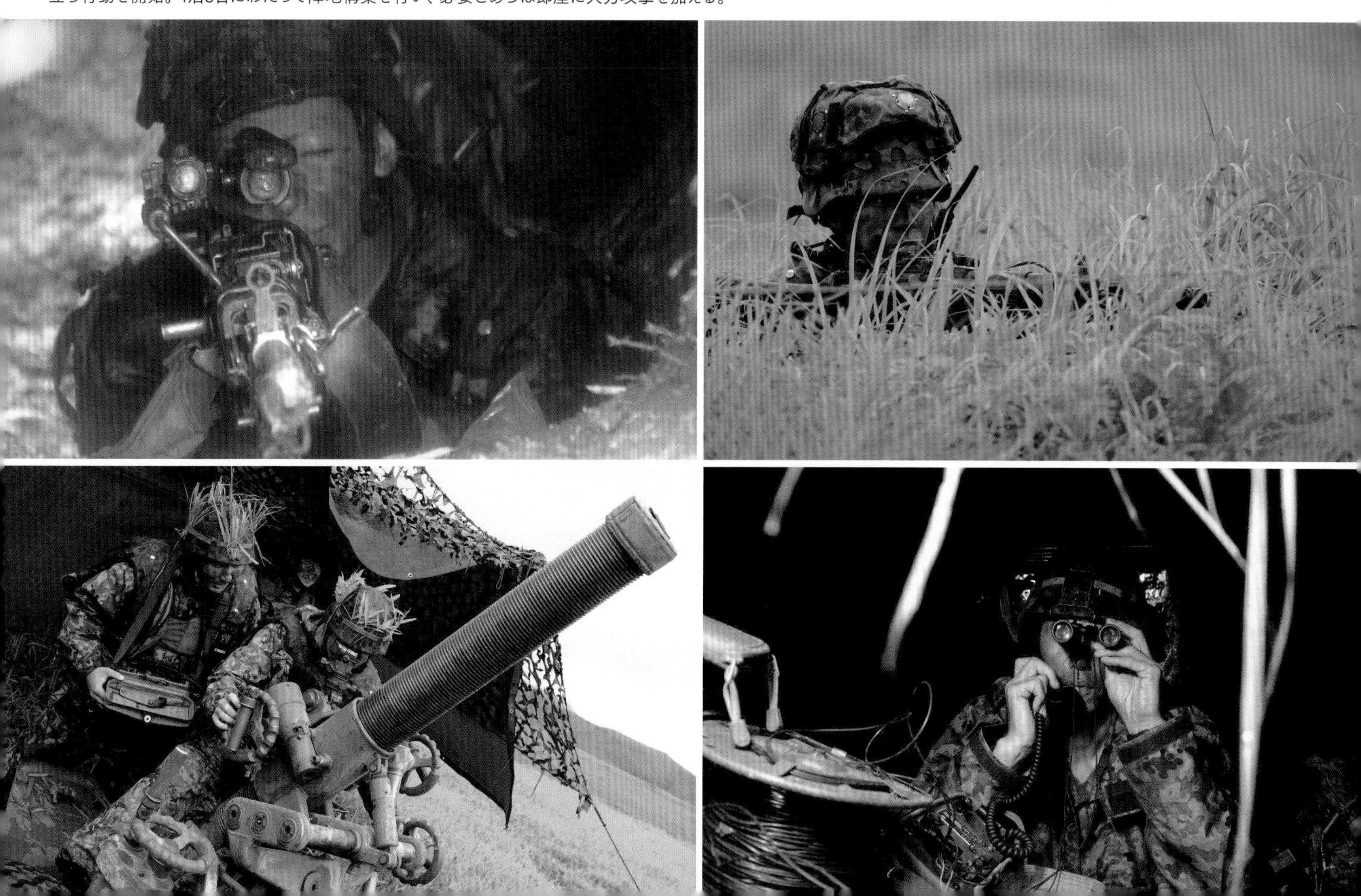

精鋭ファイル 08 1ST AIRBORNE BRIGADE

敵地へ奇襲を仕掛ける精鋭無比の「空の神兵」

第1空挺団

DATA

■創設	1958年
■上級単位	陸上総隊
■総員	約1900名
■所在地	千葉県船橋市
■編制地	習志野駐屯地
■担当地域	九州北部
■標語	精鋭無比

自衛隊唯一のパラシュート部隊である第1空挺団は、空中機動作戦や対ゲリラ戦を担う。落下傘はもちろん小銃や食料・必需品の入った背のうを合わせて、総重量45kgもの装備とともに空から敵地へと舞い降り、任務を遂行する「精鋭無比」の猛者たちである。

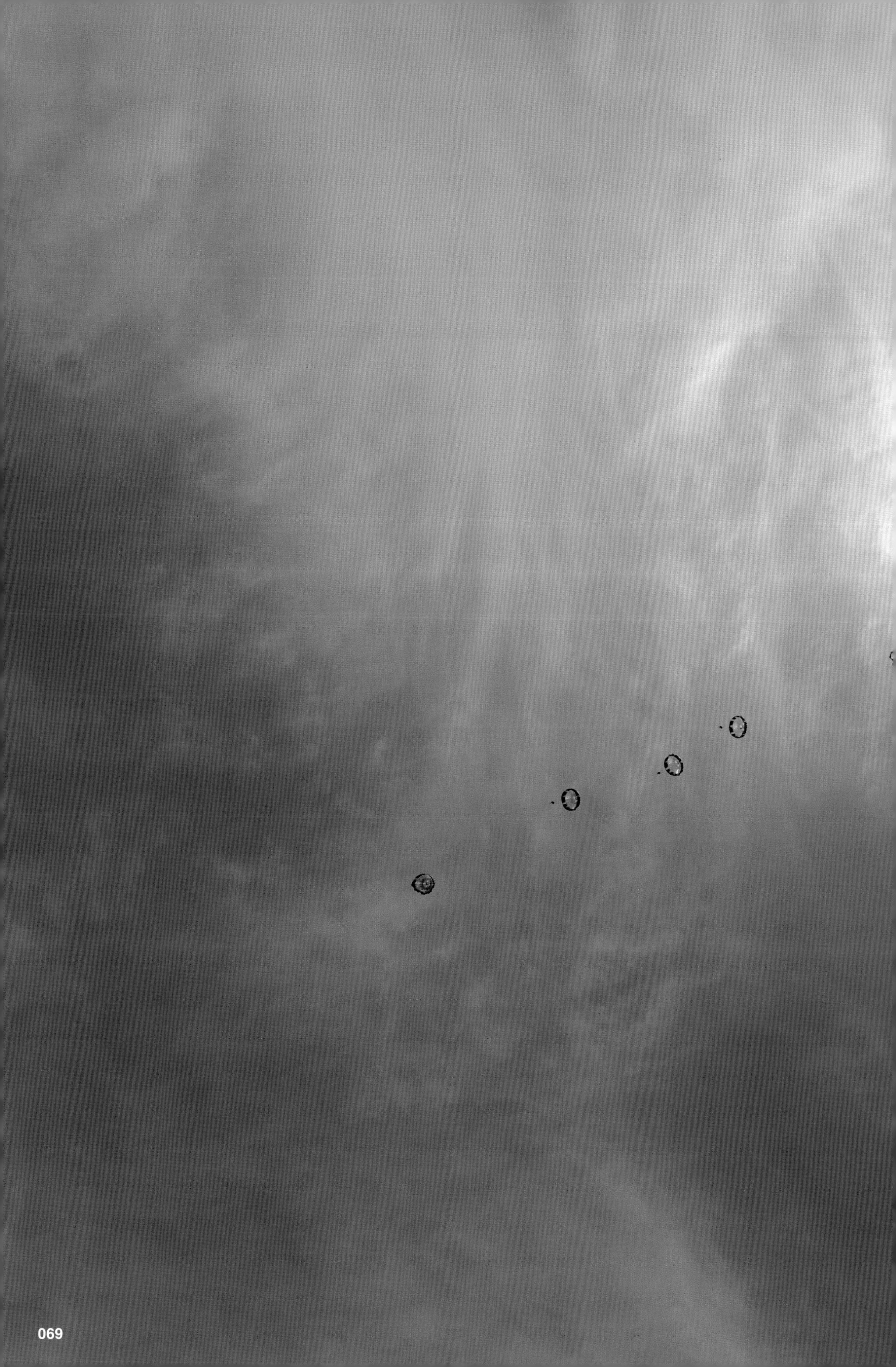

空自のC-2輸送機に乗りこむ空挺隊員たち。

C-2輸送機内で降下の時を待つ空挺隊員たち。

乗機前に落下傘、装備の装着、点検が入念に行われる。

旧軍からの伝統を継承 鍛錬に励む隊員たち

1958年の創設以来、第1空挺団は東部方面隊隷下ではあるものの、長らく防衛長官(当時)直属の機動部隊と位置づけられてきた。事実上の前身が、太平洋戦史に「空の神兵」と謳われた旧帝国陸軍挺身団に当たるからだ。戦後、陸軍航空総隊参謀だった衣笠駿雄元少佐が挺身団の元隊員で構成された研究員20名によって空挺部隊を創設。自ら初代団長に就任して指揮を執ったのが、第1空挺団である。

2018年に陸上総隊が新設されると同時にその直轄となり、防衛戦のみならずゲリラコマンドの潜入といった特殊作戦も可能な、陸自最強の部隊としての地位を占めることになった。

空挺部隊とは、航空挺身隊の略で、航空機から隊員が落下傘降下(エアボーン)したり、ヘリコプターからロープを使って地上に降下(ヘリボーン)したりするなどして、敵地を攻略・占領するために編成された精鋭部隊を指すことは周知の通りだ。この例にならう第1空挺団は選りすぐられたエリート部隊のため、志願入隊するためには狭き関門がある。

重装備でのパラシュート降下ができ

降 下

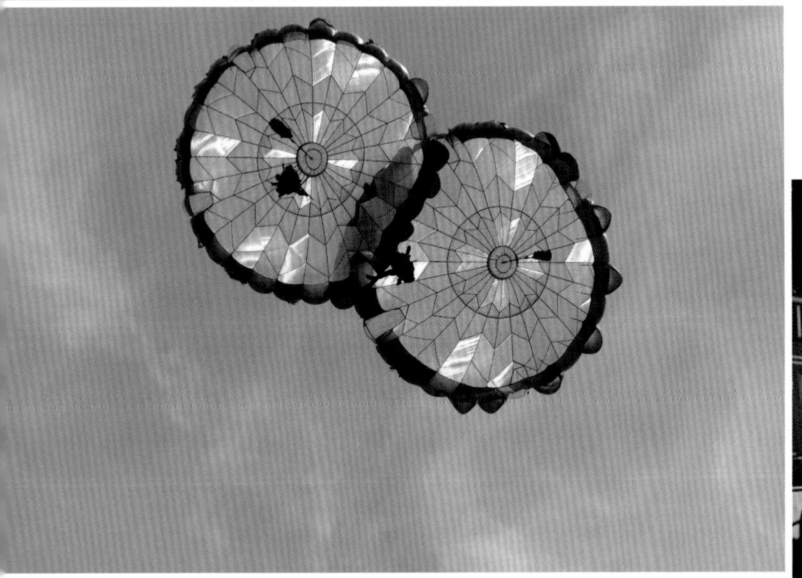

第1空挺団は自衛隊唯一の空挺部隊であり、原発や都市部への敵コマンド攻撃の制圧、海外での邦人救出も行う約2000名を有する部隊だ。彼らは敵制圧地域後方への空挺降下（航空機からの落下傘降下、ヘリからのロープ降下）などの苛烈な作戦を遂行する陸自のエリート部隊であることは自他共認めるところだ。この日はC-2輸送機の左右両方の後部扉から同時に降下した。左右同時のジャンプは空中安全性の高い13式空挺傘の採用によって可能となり、短時間に多くの隊員を降下させられた。13式は藤倉航装が開発した純国産の空挺傘で、相互反発性が強いため落下傘同士が接触しても絡まりにくく、高い密度での連続降下（島嶼などの狭い地域により素早く多数の空挺隊員を展開できる）を可能とした。

る体格・体力があるかを審査する空挺身体検査をパスすると、4週間にわたる基本降下課程で多岐にわたる服務規範を学び、ようやく降下訓練。最後の最後に実機による降下演習を行ない、これを5回クリアすることができれば、めでたく「空挺徽章」が正式に与えられることになる。

通常の空挺降下は、340mほどの高度で飛行する輸送機から行なわれるが、敵の対空攻撃力が活発な場合は、格好の標的となってしまう。そのため、降下誘導小隊が8000mの高高度から自由降下（パラシュートを開かずに落下しながら、タイミングを選ぶことでピンポイントの降下も可能）で敵地にあらかじめ潜入。敵の対空攻撃力を排除して後続の主力部隊降下の安全を図るなど、配属後の訓練は実戦に即した内容で、息をつく暇もない。パラシュート降下は単なる移動手段にすぎず、達成すべき任務は着地後に待っているのだ。

1942年2月、スマトラ島のパレンバン空挺作戦の成功を受けて発売され大ヒットした軍歌「空の神兵」は、今もそのまま第1空挺団の「隊歌」として、駐屯地での朝礼をはじめ公開訓練などでも放送されている。

厳しい訓練を重ねる彼らの姿に、♪讃えよ空の神兵を撃ちてしやまぬ大和魂(だま)──という歌詞を思い出した。

89式小銃と5.56㎜機関銃を携えて

空挺隊員は落下傘降下時には主力小銃である「89式小銃」の固定銃床式の他に、同モデルの折曲銃床式も装備している。同銃はアサルトライフルのあるべき姿とも言うべきオーソドックスな存在である。これに加えて、さまざまな追加改修装備も順次採用・導入が進められている。一般部隊が装備しているのと同じFN社（ベルギー）が開発した分隊支援火器のライセンス版「5.56㎜ MINIMI機関銃」、カール・グスタフ社（スウェーデン）のM2をライセンスした「84㎜無反動砲」などがこれにあたる。各作戦時にはこれらを個人携行するが、MINIMI機関銃、84㎜無反動砲は弾薬を含めて重量があるので、降下中、着地の少し前に身体から分離させ、着地時の安全確保を優先的に行う。

戦闘

降下地点の近くに防衛陣地を構築した後、普通科隊員を要所に配備し仮説野営司令部、81㎜迫撃砲L16の陣地を構築して敵の動向を窺う。

84㎜無反動砲と89式小銃のペアは360度の防衛線を張って警戒する。

DATA

■創設	2008年
■上級単位	陸上総隊
■総員	約150名
■所在地	埼玉県さいたま市
■編制地	大宮駐屯地
■担当地	全国
■略称	中特防

護隊

精鋭ファイル 09 CENTRAL NUCLEAR BIOLOGICAL CHEMICAL WEAPON DEFENSE UNIT

核・生物・化学兵器に対応する専門部隊

中央特殊武器防護隊

NBC兵器（核・生物・化学兵器）対策を任務とする日本最大のスペシャリスト集団が中央特殊武器防護隊である。これら特殊武器の攻撃から味方部隊を守り、ひとたび汚染された場合は的確に除染などを行う。いっぽう、平時においてもテロ対策や事故対応で重要な役割を担っている。地下鉄サリン事件や福島第1原発事故の際の活躍は、記憶に深く刻まれているはずだ。

地下鉄サリン事件や原発事故の対応でも活躍

大宮駐屯地に置かれた教育機関・化学学校に所属していた第101化学防護隊は、1995年に起こったわが国の犯罪史上最悪のテロ「地下鉄サリン事件」に際して出動したことで知られる。部隊名にある「特殊武器」とは放射線（Nuclear）・生物（Biological）・化学（Chemical）兵器を指している。

部隊はその後、東部方面隊から中央即応集団と編制先が替わり、2018年に陸上総隊が新設されると、その直轄となり部隊の名称を現在のものに改めた。

各師団・旅団にはそれぞれ特殊武器防護隊が編成されているが、本隊は陸上総隊の直轄部隊として、国内のあらゆる地域で勃発するNBC事態に関して直ちに派遣されるとともに、各方面隊や師団・旅団の支援に当たる。中央特殊武器防護隊はすなわち、NBCの脅威からさまざまな部隊と国民を守る日本の最先鋭部隊と言えよう。

NBC偵察車が急行派遣された現地では、まず試料採集を実施して、使用された兵器の種類や性能と被害・汚染状況を検知把握。その影響の広がりを監視するとともに、除染・解

隊員の除染と並行してSAM発射機の除染を開始。NBC偵察車により特定された汚染部位に対して除染剤を塗布していく。除染においては、事前に汚染部位をしっかりと把握しておくことが重要だ。併せて除染車の除染も行なわれた。

汚染地域から搬送される隊員。化学剤による症状が出ている場合は除染後、速やかな治療が必要で、野戦病院へと運ばれる。

毒までが任務とされる。銃砲の火線が交錯する派手な戦闘場面とは違い、地味で忍耐強く丹念な人海作業が、その実態となる。

2011年、東日本大震災による福島第1、第2原子力発電所事故でも災害派遣された。メルトダウンという未曽有の事態の中、原子炉の冷却作業に当たるなど格闘したことが特記できよう。有事だけでなく、想定を超えたNBC危機に対処できるのは、国内唯一のスペシャリスト集団であるこの部隊を置いてほかにいない。

現地は放射線や有毒ガス、細菌などが漂っているため、特殊な防護装備が必要だ。古くはゴム引き布製の防護服に防毒マスクだったが、1980年代に活性炭素繊維の新素材が登場して以降、性能は年々進化している。現在隊員たちが主に着用する迷彩柄の防護衣は、従来品と比べて大幅に軽量化し、「第3世代の防護装備」と呼ばれている。

とはいえ、気密性の高い防護衣を着用しての作戦行動は熱射病の危険をともなう。そのため隊員たちは、普段から防護衣や装備を付けてランニングするなど、暑さに体を慣らす(暑熱順化)訓練を欠かさない。「見えない戦線」に向かうには、こうした地道な備えが不可欠なのだ。

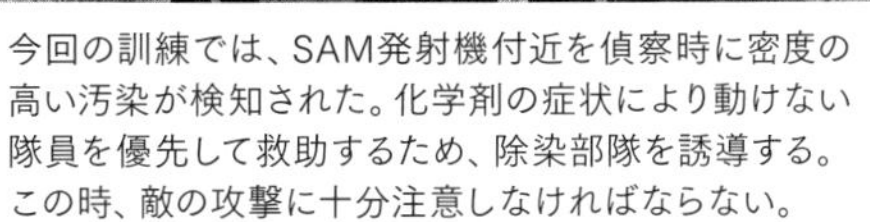

今回の訓練では、SAM発射機付近を偵察時に密度の高い汚染が検知された。化学剤の症状により動けない隊員を優先して救助するため、除染部隊を誘導する。この時、敵の攻撃に十分注意しなければならない。

SAM（03式中距離地対空誘導弾）の前でNBC攻撃の警戒をする隊員たち。

災害派遣命令に基づいて行動

たとえば空港で化学兵器テロが疑われる爆発事故が発生しても、その時点で敵は侵攻しておらず「防衛出動」は発令されていないため、中特防はあくまでも平時の対応として「災害派遣命令」に基づいて行動する。その場合、ファースト・レスポンダー（初動対処者）は警察と消防である。

中特防の先遣隊が空港へ到着すると、彼らは消防隊員より状況の報告を受け、化学剤と思われる物質の拡散など、消防では対処できない場合は迅速に対応。現場への移動中に被害者たちの症状に関する事前連絡や報道、SNSなどを通して情報を収集し、使用された生物・化学剤についてすでに大まかな推測も行っている。その情報と推測をもとに装備や目的を判断し、処理にあたるのだ。

隊員全員に支給されている活性炭素繊維製の迷彩柄化学防護服を着て、敵が設置したNBC爆発物を捜索する様子。

最も危険な状況、未知の脅威への対処などで使用される気密防護衣など、3種が運用される。

コロナ禍でも活躍した生物剤患者対策部隊

対特殊武器衛生隊

世界を震撼させたコロナウィルスは人類共通の「敵」だった。しかし、それはまたバイオテロ、生物兵器の恐怖にもつながる。この「目に見えない相手」と対峙するのが対特衛である。ダイヤモンド・プリンセス号での緊急対応でも活躍したスペシャリストたちこそ、その最前線にいる隊員たちだ。

DATA

■創設	2008年
■上級単位	陸上総隊
■総員	約90名
■所在地	東京都世田谷区
■編制地	三宿駐屯地
■担当地域	全国
■略称	対特衛

ヘリで運ばれて来たアイソレーターで隔離されている患者。

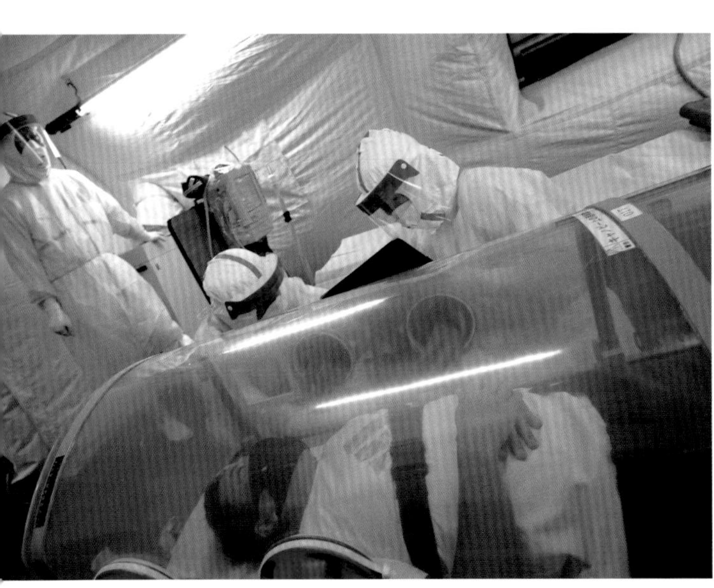
扉を閉め、テント内を陰圧（気圧が低い状態）とする。これによって細菌などに汚染された内部の空気は流出しない。

バイオテロ発生の一報に診療部で待機していた隊員たちが慌ただしく防護衣を着用する。

バイオテロに対抗する最前線の司令塔部隊

２０２０年は、その後の世界状況を永遠に変えてしまう「コロナ元年」となった。中国・武漢で謎の感染症が初めて報告された２０１９年の暮れを起点に、ＣＯＶＩＤ-19の魔手は、瞬く間に全世界へと広がっていった。

そして'20年２月５日にはわが国にも……。同年明けから中国、ベトナム、台湾をクルーズして横浜に帰港した豪華客船、ダイヤモンド・プリンセス号の乗客に感染者が発生した。文字通り、未知の感染症ウィルスが日本上陸を果たしたのだった。

この時、横浜港に派遣され緊急対応に当たったのが「対特殊武器衛生隊」である。

ここでは３週間、延べ２７００人の隊員が船内に閉じ込められた乗客の医療や生活支援、下船者の輸送作業に当たり、１人の感染者も出さずに任務を完了。極めて優秀な防疫対処能力を証明してみせた。

ＮＢＣ事態に備える中央特殊武器防護隊に対して、この対特衛は衛生科の隷下にある。生物剤を専門とし、炭疽菌など、生物兵器によるバイオテロを想定した最新鋭の対策部隊だ。

事態が発生すると、「陰圧病室ユニット」と「生物剤対処用衛生ユニット」

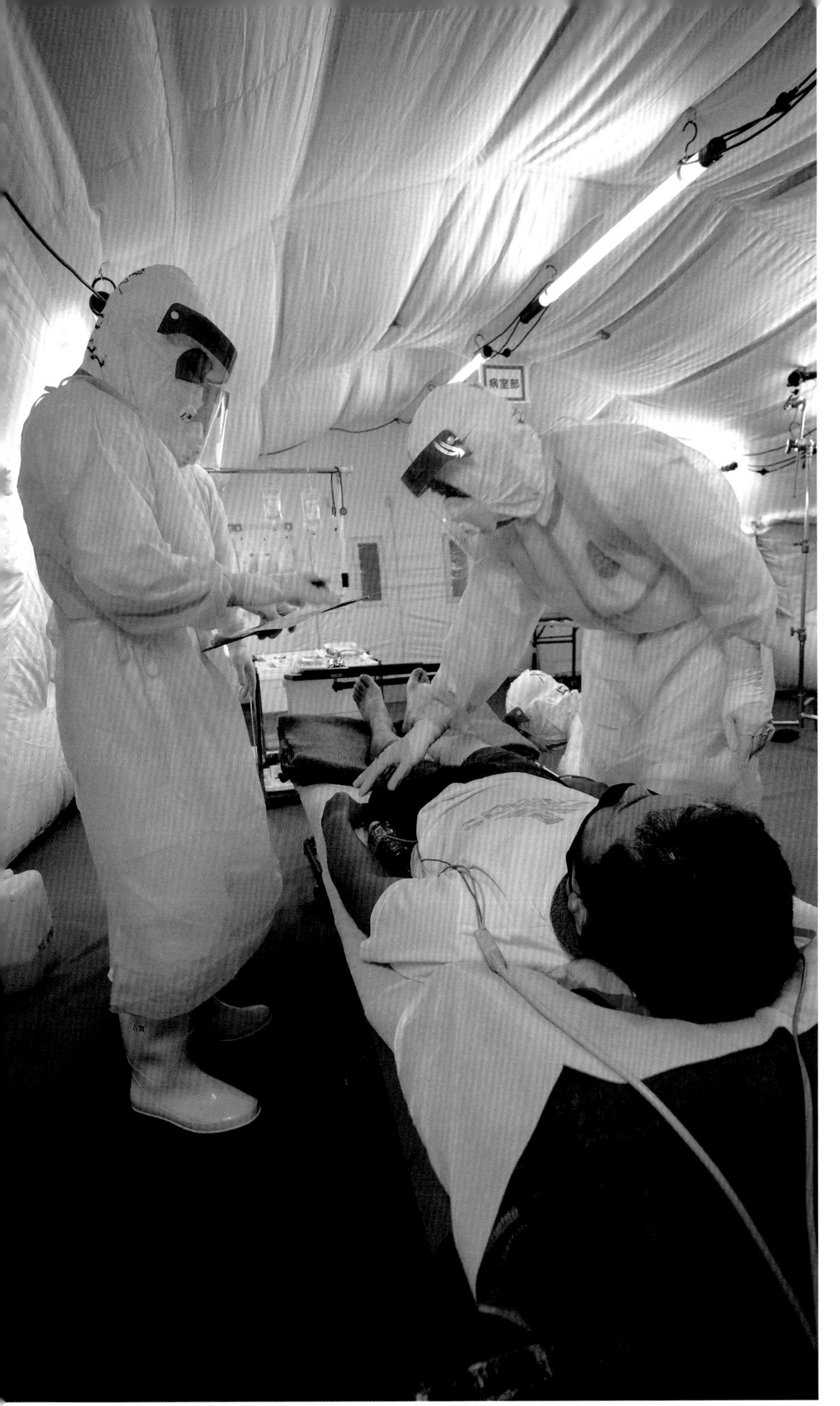

体温や脈拍、呼吸の頻度や状態、心電、SPO2（血中酸素飽和度）などを測定し、患者の容体を確認。また、生物剤特定のための情報を収集する。

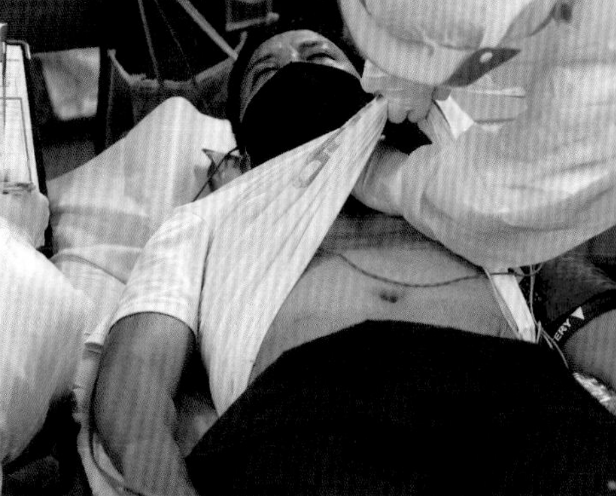

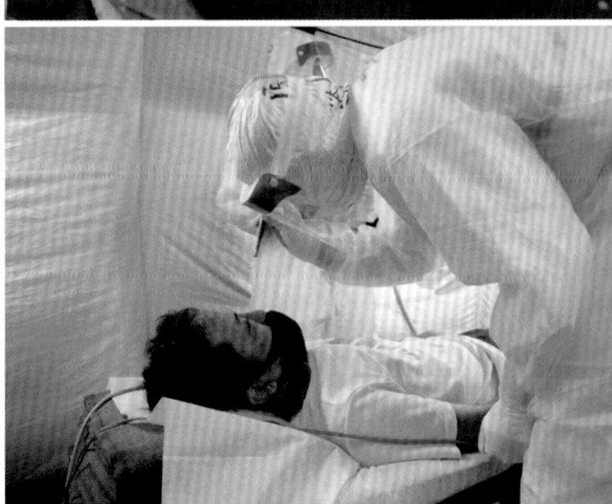

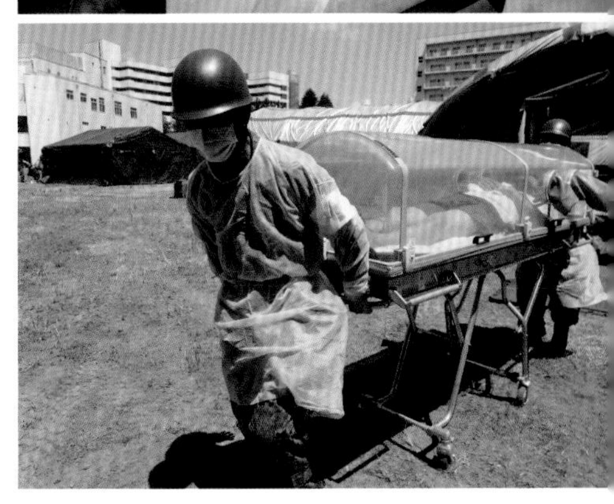

受入部の出入り口からアイソレーターに乗った患者が搬送されてきた。患者の受け入れは受入部から、勤務隊員の出入りは診療部から、と導線が明確に区別されている。

からなる特殊装備で現場に急行。生物剤感染患者をただちに隔離して応急治療に当たるいっぽう、感染した生物剤・病原体を現地で同定する能力を持つ。つまり、バイオテロに対抗する最前線の司令塔なのである。

生物剤を使った攻撃が疑われる現場では、第一に感染防護の徹底と的確なゾーニングを行なうことが求められ、長期間留まって活動することが予想される場合には、隊員の勤務管理が重要になる。

部隊は2個治療隊で構成され、それぞれにつき1つの陰圧病室ユニットを持つ。各隊には医官を中心とした看護スタッフとX線技師からなるチームが複数あり、臨機応変に作業を分担することになる。

ユニットは5つの医療テントに分かれており、最大で20人ほどの患者を受け入れることが可能なので、その管理は繁忙を極める。

診療部や病室部でそうした患者対応をする傍ら、検査部では最新の機材機器を使って病原体の同定や感染拡大の実態、二次感染の危険性などを調査しなければならない。

武器は手にしていないものの「目に見えない敵」と戦う隊員の顔には、任務に対する誇りや充実感とともに、責任感と使命感による大きな緊張が浮かんでいた。

精鋭ファイル | 11 EXPLOSIVE ORDINANCE DIVISION

爆発物を処理し部隊の行動を支援する

爆発装置処理隊

爆発物を発見・処理する危険で重要な任務

国際平和協力活動を主眼に置く中央即応連隊にとって、派遣先の安全確保は重要な事項のひとつ。PKO法に基づき出向いた先で危険物によって思わぬ事態に陥る可能性も否定できない。爆発物はその最たる存在である。

それに対応すべく2019年、宇都宮駐屯地に新たに編成されたのが、中即連隷下の「爆発装置処理隊」である。部隊がいち早く戦力を発揮できるよう、爆発装置を除去するのが主たる任務だ。もちろん、不発弾処理も任務のひとつだが、現代において爆発物は多様化している。処理対象の情報収集、分析、その更新を日々行うのも重要な責務となる。

味方のために自らの命を危険に晒しながら、作戦行動を支えることになる彼らにとって頼りになるのが、本項の写真にもある爆発物対処用の地上用無人機(UGV:Unmanned Ground Vehicle)だ。主に中東の砂漠地帯で使用する米国製と比べて、国産(IHIエアロスペース社)の同機は、狭い地域での走行性に加え階段や坂道の上り下りの機能に優れており、危険と隣合わせの隊員たちにとって心強い味方となってくれる。

爆発物と思われる不審物を偵察・捜索するべく2019年、中央即応連隊隷下に創設された本隊は、無人状態で操作できる特殊車両UGVなどを駆使して迅速に行動する。国際平和協力活動はもとより、有事においては各部隊の作戦行動を円滑にするためにも欠かせない存在である。

2003年から8年余り続いたイラク戦争の頃から軍民問わず大きな被害をもたらすことで知られるようになったのがIED（Improvised Explosive Device）と呼ばれる各種の爆発装置。日本語では「即席爆弾」とも言われる。いっぽう、その危険から隊員を守るUGVは米国で主に生産されてきたが、わが国でも2010年代から開発が加速。日本の環境に適応した技術開発が行われている。重量は約24kgと小型軽量化し、操作性も向上しており、危険な任務に従事する隊員たちは緊迫感を持ちながら巧みに操作している。

DATA

■創設	2019年
■上級単位	中央即応連隊
	陸上総隊
■所在地	栃木県宇都宮市
■編制地	宇都宮駐屯地
■担当地域	全国
■略称	中即-処

国防スペシャリストに聞く

井上武 元陸将

TAKERU INOUE

日本の国土防衛作戦 ロシア・ウクライナ戦争の教訓

インタビュー・構成　神崎 大　Interviewer: Masaru Kanzaki

国を守るために、いま日本に何が必要なのか

２０２２年２月に突如として始まったロシアによるウクライナ侵攻は、大国による戦争はすでに過去のものであろうと油断していた西側各国を震撼させた。その余波として東アジア地域、とりわけ台湾侵攻を目論む中国の動向にも関心が向けられるようになり、尖閣諸島の防衛がいよいよ真実味を帯びたことで、日本国民の意識をも変えようとしている。そこで、元陸上自衛隊・富士学校長の井上武元陸将が主に陸戦の視点から、日本防衛の実情とウクライナでの戦訓とを合わせて解説する。

井上 武 元陸将

ロシアはなぜ失敗したのか

神崎　２０２２年２月に勃発した「ロシア・ウクライナ戦争（以下「露宇戦争」）は、多くの専門家の予想に反して、長期戦の様相を呈しています。ロシア軍はウクライナ軍や市民の激しい抵抗を受けて大打撃を被り、キーウ正面から撤退し、東部のドンバス地域の侵攻作戦に集中していましたが、当初の作戦目標のみならず、東部地域での目標も達成できず、敗北する可能性も出てきました。これまでの作戦をどのように評価しますか？

井上　開戦直前からロシア軍の動きを注視していましたが、まさか全面的な侵攻作戦が生起するとは予想しておらず、東部２州のドンバス地域に限定した特別軍事作戦になる可能性が高いと思っていました。また、ロシア軍は、最強の地上軍を保持し、米軍と同様に大規模な統合作戦や大隊戦術群を中心として高度な諸職種連合作戦が実施できます。サイバー戦、電子戦、情報戦等あらゆる面においてウクライナ軍を凌駕しており、長期戦になるとは思ってもみませんでした。

神崎　それがなぜ、このような状況に陥ったのでしょうか。

井上　今回の侵攻作戦をよく観察すると、ロシア軍は、驚くほどの失敗を繰り返しています。ロシア参謀本部の考えや意見が反映されていないのではないかと思うほど、杜撰な計画と硬直した作戦指揮となっているのです。大きな視点からこの戦争を見ると、国連安全保障理事会で拒否権を持ち、核を含む膨大な軍事力を有する独裁国家が暴走を始めた時、国際社会は、残念ながらこの暴挙に有効に対処することはできない。また、国土防衛作戦は、友好国の支援があったとしても、侵略を受けた国家の総力戦となり、自分の力で侵略を排除す

ることが原則となります。

神崎　では、侵攻を受けたウクライナを日本に置き換えると、どのような準備が必要と考えられますか?

井上　日本において、ウクライナと同じような事態が生起した場合は、強力な同盟国である米軍の部隊派遣は期待できるとしても、基本的に独力で侵攻を排除できる体制の整備が必要でしょう。

神崎　そこには、現代の戦争という新たな側面も加味しなければなりませんね。

井上　そうです。ロシア軍の戦いは、陸戦、海戦、空戦に加えてあらゆる領域での戦い、すなわちハイブリット戦となるため、全領域の戦いに効果的に対処することが重要でした。ただ、最近の傾向として、宇宙戦、サイバー戦及び電子戦が必要以上に強調され、従来型の陸・海・空領域の作戦を軽視する傾向にあると個人的には感じています。今回の「露宇戦争」からも明らかなように、最後に勝敗を決するのは、第2次世界大戦までの武力と武力の激しい地上戦闘であるという構図は基本的に変化していないと思います。細かな教訓等については、日本の離島防衛作戦の中で述べたいと思います。

水陸機動団の創設と離島対処能力

神崎　水陸機動団(以下:水機団)が創設されて5年が経ちましたが、ここまではかなり早いペースで水陸両用作戦能力の強化を図っていると思います。実戦経験が豊富で世界最強の米海兵隊の胸を借りながら、作戦に必要な技能や戦術を着実に吸収しているのではないでしょうか。

井上　早いもので、もう5年ですね。訓練現場に立ち会う機会はありませんが、共同訓練のビデオを見たり、水機団を訪問した時の幹部との懇談内容から判断して、着実に練度が向上し、部隊の運用にも自信を持ち始めていると感じています。しかしながら、最も複雑で高度な統合作戦となる本格的な水陸両用作戦能力を短期間で構築することは困難であり、引き続き長期にわたって部隊を強化していく必要があると思います。

神崎　そもそも、水機団創設の必要性はどのタイミングで唱えられるようになったのでしょうか。

井上　水機団の歴史を少し振り返ると、防衛省は、平成25年(2013年)12月の『防衛計画の大綱』(25大綱)において、「島嶼への侵攻があった場合に速やかに上陸・奪回・確保するための本格的な水陸両用作戦能力を新たに整備する」と述べ、水陸機動準備隊を相浦(あいのうら)駐屯地に創設し、新編準備作業を開始しました。そして平成29年度末(2018年3月)に、水陸機動団が新編されたのです。現役時代には、日本防衛のために水陸両用部隊をなぜ保有しないのかと不思議に思っていました。日本は四面環海で、長大な海岸線に囲まれ、広大な排他的経済水域を有し、約6900個の有人・無人の島々から構成されている島国です。西部方面隊の防衛担任区域のみでも、南北1200㎞、東西900㎞の広大な海域に約2500個の離島が存在していますから。

神崎　たしかに、日本は海と島の国ですから、島嶼防衛の発想がそれまでなかったこと自体が不思議な気がします。でも、そこには理由があったのでしょうね。

井上　はい。防衛事態が離島に発生した場合、敵を排除して国土を回復するためには、水陸両用作戦能力は必要不可欠な機能でありますが、国是である「専守防衛」という名のもと、攻勢的で戦力投射能力のイメージがある海兵隊のような組織の必要性は議論が封印されていたのです。

神崎　やはり、そこですか。

井上　専守防衛という言葉は、聞こえはよいかもしれませんが、主体的、能動的な防衛の考えを阻害し、国土防衛作戦に必要な機能や能力を自己規制で放棄することにもなります。ですが、防衛作戦における離島の重要性は、「露宇戦争」でも目の当たりにすることになりました。

神崎　と言いますと……。

井上　黒海に浮かぶウクライナ領のスネーク島は、面積がわずか0・18㎢の小さな島で、ウクライナの沖合お

井上 武 TAKERU INOUE
元陸将

よそ48㎞、ボスポラス海峡や地中海に通じる海上交通線上に位置しています。ロシア軍は、侵攻後直ちに同島を占領して、対空ミサイルの拠点としています。ロシアによる同島への支配が継続すれば、ウクライナはオデーサ港と他地域を結ぶ海上交通路の自由を確保できなくなります。スネーク島を押さえた者がウクライナ南部の制海権と一定の制空権を握ることになるのです。

神崎　ウクライナにおいても、離島の存在は戦略的に極めて重要だったのですね。

井上　その通りです。5月以降、ウクライナ軍は、同島のロシア軍に対して航空機やUAV(無人機)で攻撃を加え、対空ミサイル等に損害を与えています。また、補給や増援任務にあたる艦艇を撃破もしています。近い将来に本格的な奪回作戦が実施される可能性もあり、どのような作戦様相になるか、非常に注目されています。

離島防衛作戦の概要

神崎　専守防衛の考え方が、健全な防衛政策の推進に障害となっていることはよく理解できます。水機団の新編に踏み込んだのは、中国の存在があるからでしょう。中国は、強大な軍事力を背景とし、国際法を無視した一方的な行動をとり、アジア地域情勢を不安定化させています。台湾紛争や南シナ海での米中軍事衝突が発生した場合、あるいは日中間での領土問題や海洋権益を巡って、情勢が平時からグレーゾーンへ、さらに有事へと一挙に急変する可能性があります。スネーク島の状況から判断して、南西諸島の離島に侵攻することは十分に考えられますね。このような事態が生起した場合の自衛隊の対応はどうなりますか？

井上　「25大綱」で打ち出した統合機動防衛力がキーワードです。そこには次のような記述があります。「今後の防衛力は、多様な活動を統合運用によりシームレスかつ状況に臨機に対応して機動的に行い得る実効的なものとしていくことが必要であり、ハード及びソフト両面における即応性、強靭性及び連接性も重視した統合機動防衛力を構築する」――つまり、陸海空の統合運用と事態発生時の機動的な対処に焦点を合わせた考えを基本としているのです。

神崎　それが島嶼防衛の前提であり、土台となるわけですね。

井上　「25大綱」ではその点にも触れています。島嶼部に対する攻撃への対応として「配置部隊に加え、侵攻阻止に必要な部隊を速やかに機動展開し、海上優勢及び航空優勢を確保しつつ、侵略を阻止・排除し、島嶼への侵攻があった場合には、これを奪回する」と新たな方針を打ち出しました。

島嶼部攻撃への対処では、最悪の場合の奪回作戦に焦点が置かれますが、防衛白書に記述されている基本的な考え方や防衛力が果たすべき役割で説明されているように、平時の部隊配置から緊迫時の機動展開、さらに万が一占拠された場合の奪回作戦までトータルで考えて、抑止や対処することが重要であると思います。

神崎　陸海空が一体となり、水陸両用戦闘車を投入して占拠された離島を奪回するシーンがすぐ頭に浮かびますが、離島作戦では、そこに至る前の作戦が重要となるということですね。具体的には、どのような行動が考えられますか？

井上　少し作戦の段階を追いながら、自衛隊の取り組みについて説明しましょう。常時継続的な情報収集により早期に侵攻の兆候を探知することはすべての作戦の基本です。とるべき行動としては、①平素の部隊配置②部隊の機動・展開③海上優勢・航空優勢を確保し侵攻部隊の接近・上陸の阻止④占拠された離島の奪回・防御――以上の4段階に区分されます。具体的に解説しましょう。

❶平素の部隊配備

井上　すべての離島に部隊を配置することは不可能ですから現実的な施策ではありませんが、戦略的に重要

な離島や有事において焦点となる離島に平素から部隊を配置することは、極めて重要な施策となります。与那国島への沿岸監視隊、奄美大島や宮古島への警備部隊、対空ミサイル部隊や対艦ミサイル部隊の配備は、抑止力及び初動対処能力の向上に寄与できます。

❷部隊の機動・展開

井上　離島作戦を含め、陸・海・空の戦いはすべて「兵力の集中」から始まります。敵に勝る戦闘力を緊要な時期と場所に、敵に先駆けて集中することが、最も重要なのです。離島作戦は、攻防両者が海という大きな障害を克服して、離島への彼我の戦闘力集中競争であると捉えると、戦闘の実態や総合的な対策が鮮明となります。陸上自衛隊は、統合機動防衛力構想を受けて、迅速かつ段階的な機動展開を狙いとした即応機動する陸上防衛構想を掲げています。情勢の緊迫に応じて、先遣部隊→即応機動連隊→機動旅団・師団→増援部隊を逐次に展開する構想です。

図表Ⅲ-1-2-6　島嶼防衛のイメージ図

神崎　理にかなった考え方だと思いますが、実際に行動するとなると、それほど簡単ではなさそうです。

井上　たしかにその通りです。部隊や装備品だけでなく、兵站物資を陸路に引き続き海路から継続的に補給することには、大きな困難が伴います。輸送力に関しては、陸海空の輸送力を一元的に調整し、さらに、民間の船舶を積極的に活用する必要があります。現中期において、空のC-2輸送機の整備や、陸が中型級船舶(LSV)や小型級船舶(LCU)を新たに導入する計画があります。つまり、輸送力の確保に真剣に取り組み始めているのです。

神崎　そこで大きな役割を果たすのが、「オスプレイ」ですね。

井上　そうです。MV-22Bオスプレイは、侵攻初期段階における兵力投入では重要な手段となります。米海兵隊の運用を見れば、武装した海兵隊員のみならず、120㎜迫撃砲(EFSS)や155㎜榴弾砲(M777A2)等の火砲についても空輸が可能です。M777A2は、155㎜榴弾砲の強力な火砲であり、チタン合金を使用しているため重量が約4.2トンの超軽量で、MV-22B等で吊り下げ空輸が可能です。

神崎　EFSSは大きな戦力となることが見込まれています。

井上　EFSSは、オスプレイの内部に搭載して空輸が可能です。オスプレイの搭載スペースは狭く、内部への搭載には大きな制約がありますが、海兵隊は、既存の迫撃砲の改良や牽引用のバギー小型車両を保有することにより、内部に搭載した状態で空輸できるため、海兵大隊の機動に一体化した火力支援が可能です。輸送力の確保と同時に兵站所要の削減は、極めて重要です。

神崎　そこが大きなポイントだと思います。兵站の削減と戦力向上を両

井上 武
TAKERU INOUE
元陸将

立することはとても重要でしょう。

井上　はい。作戦当初の部隊展開のみならず、必要な兵站物資を継続的に確保することも重要です。最も有効な方策は、兵站の約7割以上を占める弾薬重量の低減にあります。具体的には、弾薬の精密誘導化と長射程化による弾薬数の削減です。

神崎　その一例をあげていただけませんか。

井上　たとえば、155㎜榴弾砲の長射程の射撃場面で検討してみましょう。通常弾では、半数必中界(CEP)は射距離により大きく異なります。榴弾1発の有効制圧地域を1200㎡と仮定して、火砲の精度を表わすCEPを㋐100m㋑50m㋒10mの3種類で比較してみます。㋐は通常弾、㋑は簡単なGPSによる一次元弾道修正信管付き、㋒はGPSによる高度な二次元修正弾をイメージして下さい。

神崎　わかりました。

井上　目標は、正面100m、縦深50mに展開している敵歩兵で、効果は30%制圧とする。この効果を上げるために必要な弾数は、㋐108発㋑39発㋒15発となります。この所望効果の算定から明確に理解できるように、大口径の長射程火砲の弾薬をGPS誘導化することにより、弾薬所要を64%(㋑の場合)及び86%(㋒の場合)と大幅に減少させることができます。

神崎　輸送力の強化と兵站所要量の低減策は、まさに車の両輪と言えるのですね。

井上　片方だけではだめです。両方向からアプローチすることが重要なのです。

❸海上優勢及び航空優勢の確保と侵攻部隊の接近・上陸の阻止

井上　地上戦であろうと海上戦であろうと、作戦の緊要な時期に海上優勢や航空優勢を獲得することは極めて重要で、作戦の成否を左右します。ロシア軍は航空優勢が取れていない状況で大規模の地上軍を進撃させ、壊滅的な損害を被り、キーウ占領を放棄して撤退することになりました。上陸戦闘や渡河作戦では、兵力が蝟集し、戦力発揮ができない弱点を露わにします。ロシア軍は、ルハンスク州西部のドネツ川の渡河作戦を強行しましたが、ウクライナ軍砲兵部隊の正確な集中射撃により、1個BTG(大隊戦術群)が壊滅しています。

神崎　どうすればよかったのでしょう。

井上　渡河作戦を実行中の一定期間でも、航空優勢を獲得していれば、砲兵部隊の射撃は困難となり、壊滅的な損害は避けられたと思います。離島作戦でも、航空優勢及び海上優勢が前提条件です。わが国においては、F-35A戦闘機の導入や地対艦誘導弾、空対艦誘導弾の射程延伸は極めて有効な手段となるでしょう。

❹離島の奪回及び防御

神崎　さて、そこで気になるのは敵の侵攻作戦です。彼らはどのような計画を立てて島嶼部を狙ってくると思われますか。

井上　敵の企図、敵部隊の勢力や種類、離島の地形や近隣の離島等との離隔度等の作戦環境により、作戦の様相は大きく異なってくるでしょう。敵の大規模部隊が隠密裏に不意奇襲して、離島を占拠し、その後に周到に防御準備した状況下で、我々の離島奪回作戦が開始される可能性は極めて低いと思われます。グレーゾーン事態から情勢が急速に進展し、敵が離島への侵攻を決定した場合、侵攻目標となる離島に迅速に展開できる海軍陸戦隊、空挺部隊、ヘリボーン部隊、特殊部隊等から構成される増強大隊または旅団規模の部隊が、現実的に妥当な予想侵攻勢力となるでしょう。ただし、その離島の戦略的価値が大きい場合は、当初の部隊に加えてさらに増援部隊を投入する可能性もあると思われます。

神崎　それに対して、日本は水機団をはじめとする部隊が結集し、水陸両用強襲作戦を実行して奪還を図

るわけですね。

井上　まず、航空優勢と海上優勢の確保のための戦闘、艦砲や航空機による事前制圧攻撃、事前潜入した特殊部隊による情報収集、破壊・攪乱活動および火力や上陸部隊の誘導、ゴムボート等による隠密潜入と隠密攻撃、空挺部隊やヘリボーン部隊による敵側背部への降着と攻撃などがあげられます。

神崎　やらなければならないことが山ほどありますね。

井上　それだけではありません。上陸正面の海域では機雷の除去や上陸水路の確保・確認等が並行して実施され、最終的には、上陸用舟艇や水陸両用車を使って強襲上陸。そして、橋頭堡を確保した後に離島内部に前進し、敵を排除するという複雑な作戦が連続します。水陸両用強襲作戦とは、多くの作戦の中で、最も困難な陸海空の統合作戦なのです。

無人兵器の開発と活用

神崎　「露宇戦争」では、さまざまなUAVが投入されて大活躍し、戦闘に必要不可欠な兵器となっていますが、自衛隊もこの兵器の有効性に注目すべきと思います。世界では、すでに多くの国が活用しています。

井上　その通りです。すでに100カ国以上に拡散しており、反政府組織や非国家組織も保有しています。攻撃型無人機も40カ国以上がすでに運用または配備計画を進めています。UAVは目標の捜索、発見、識別、攻撃、効果の判定までの一連の手順を迅速に実施できる、ミサイルや火砲にもない大きな特徴を持った新しい兵器です。

神崎　現代戦においては、すでに不可欠な兵器と言っていいでしょう。露宇戦争においても、それは実証されていますね。

井上　おっしゃる通りです。ウクライナはトルコ製の「バイラクタルTB2」、米国供与の「スイッチブレード300」「フェニックスゴースト」、ウクライナ国産の「パニッシャー」等が活躍し、見事に「情報と火力」が一体となって効果的な火力戦闘を実施しています。UAVは空挺作戦、水陸両用作戦、特殊作戦においては、極めて有効な火力となります。

神崎　日本も早急に取り組まなければなりません。特に離島奪還の際には有効でしょう。

井上　そうです。陸上自衛隊は全般的に火力不足と言われているだけに、なおさらです。上陸作戦では、無人ヘリ、無人車両、無人ボート等を幅広く活用して、人的な被害を最小限に抑える努力が必要不可欠です。上陸海岸では、障害処理を妨害する敵の火力が集中するため、障害の探知と発見、および処理は、最新の無人技術やロボット技術を活用して、努めて安全かつ確実に実施する必要があります。

神崎　通信装置も充実させなければならないと思います。

井上　通信機能は、衛星通信に依存せざるを得ない状況です。一定の通信容量が確保できる小型の携帯式衛星通信システムも必要です。また、個人や小部隊レベルの無線機まで、共通の陸海空の統合通信が可能な装備を導入し、統合作戦を現場レベルまで可能にすることが求められています。

ウクライナの善戦と日本の防衛

神崎　ウクライナは、軍事大国ロシア

を相手にして、ゼレンスキー大統領の卓越したリーダーシップのもと、軍だけでなく全ウクライナ市民が一致団結して犠牲的精神を発揮し、国土防衛作戦を実施しています。第１段階の作戦では、大打撃を与えてキーウ正面から敗走させ、さらに東部あるいは南部地域においても、ロシア軍の進撃を食い止めています。多くの専門家は、ウクライナ軍の早い段階の敗北を予想していましたが、現実はまったく異なる展開となっています。改めて伺いますが、この原因はどこにあると思われますか？

井上　先ほど申し上げたように、この原因は、侵攻したロシア側の杜撰な計画と作戦指導上の多くの失敗、そしてウクライナ側の高い士気や巧みな戦術等が絡み合っていると思います。日本の国土防衛作戦時にも参考になると思いますので、ウクライナ側から見た善戦の要因を５点取り上げてみたいと思います。

❶ゼレンスキー大統領のリーダーシップと国民の高い士気

井上　米国は、キーウ早期陥落を前提としてゼレンスキー大統領に国外退避を勧告しましたが、この提案を断固拒否して、ロシア軍と戦う道を選んでいます。勇敢かつ不屈な決心が、ロシア軍の安易な侵攻計画を狂わせることになりました。ウクライナ軍のみならず、国家親衛隊、郷土防衛隊、そしてほとんどのウクライナ市民が、ロシア軍の侵略に一致団結して立ちはだかっています。国民総出の戦いで、侵攻当初から高い士気も持ち続けています。ロシア軍の大儀のない侵攻とはまったく異なり、ウクライナ側には「祖国を防衛する」という明確な大義があります。

神崎　最後にモノを言うのは、やはり国民全体の精神力ということですか。

井上　とても大きな要素だということです。戦争論で有名な軍事理論家のクラウゼヴィッツは、戦闘力を使用時に、精神的、物理的、数学的、地理的、統計的要素の５つに分類していますが、精神的要素を第一にあげ、将帥の才能、軍の武徳、国民精神の３つを説明しています。現代戦は、物理的な要素や統計的要素を重視し、精神的要素が強調されることはあまりありませんが、生死を超越して国土防衛作戦を遂行するウクライナ軍や市民を見て、精神的な要素の重要性を再認識しています。

❷西欧の支援を受けた軍の近代化

井上　２０１４年のロシア軍のクリミア侵攻では、完全にロシア軍のいいようにやられて、クリミア半島を併合されています。ウクライナ軍は、この屈辱を晴らすために８年間、ＮＡＴＯ諸国から戦い方、軍の編成装備、指揮通信、情報戦、サイバー戦まで多くの支援を受けて、近代化を図ってきました。いつの時代でも、負けた側は、敗北の教訓を胸に刻み、リベンジのための体制づくりを必死になって進めます。実際に、ウクライナ軍の戦いは、２０１４年とは激変しており、まるで米軍が実施するような近代的な戦いとなっています。

❸ロシア軍の弱点を捕捉した巧みな戦術

井上　国土防衛作戦は、攻撃側に主導権を奪われ、国土が荒廃し、国民に大きな犠牲が発生しますが、戦術行動を見れば、防御側に大きな利点もあります。攻撃側の侵攻を阻止できる地形や市街地等が存在し、防御側が熟知して活用でき、兵站も国内に構成できるため支援は有利になります。ウクライナ軍は、これらの利点をうまく味方につけて、ロシア軍の弱点を突き、西側供与の最新兵器やＵＡＶを効果的に運用してロシア軍を分断し、大打撃を与えています。第二次大戦で、フィンランドが大国ロシアに大打撃を与えた巧みな戦術である「モッティ戦術」によく似ています。

神崎　情報戦の側面から見ても、ウ

井上武
TAKERU INOUE
元陸将

米陸軍および海兵隊が採用しているUAV「RQ-7 シャドー200」

クライナ軍が勝っているように思われます。

井上　はい。戦闘において「情報と火力」を一体化させることは極めて重要で、ウクライナ軍は多くのUAVによる目標情報を共有し、最新の対戦車ミサイルや対空ミサイル、砲迫火力を巧みに運用しています。また、攻撃型UAVによる兵站部隊や対空ミサイルへの攻撃、電磁波戦により獲得した目標情報を砲兵や狙撃銃の火力と密接に連携させ、10人以上の将官を含む多くの高級幹部を戦死に至らしめています。

4 西側による兵器供与と経済制裁

井上　NATO諸国を中心として、軍事支援、特に装備支援は、ウクライナの防御戦闘に極めて大きな貢献を果たしています。ウクライナからの要望、戦力化の容易性等を十分に考慮して、侵攻当初は最新の対戦車ミサイル、対空ミサイル、攻撃型UAV等の迅速な供与。東部地域の戦いに移行してからは、榴弾砲や戦車等を中心とした重装備を供与しています。攻撃型UAVの継続的な支援も大きな戦力となっています。

神崎　その点で私が感心するのは、西側諸国から供与された最新装備をウクライナ軍がしっかり有効活用できているという点です。

井上　同感です。自国の装備と異なるさまざまな装備を使いこなすウクライナ兵士の能力の高さに、私も驚いています。また、侵攻開始から2日後の2月26日、EU理事会がSWIFT（国際銀行間通信協会）からロシアの一部銀行を排除する制裁措置を発表し、米国、日本、カナダも加わり、3月12日から制裁措置を開始させたことも、歴史的な制裁となりました。さらに、半導体の輸出禁止はロシア軍需産業の衰退につながるでしょう。

5 ウクライナの競争力ある防衛産業

井上　国土防衛作戦は、総力戦となり、装備品の継続的な生産や修理は極めて重要となります。これを支えるのが防衛産業です。ウクライナが善戦している理由のひとつは、間違いなく競争力ある防衛産業の存在があります。同国では国産装備の開発にも積極的に取り組んできました。主要装備はロシア製ですが、単なるコピーではなく、改良を加えて性能の向上を図っています。ミサイル巡洋艦モスクワを撃沈した対艦ミサイル「ネプチューン」もロシア製ミサイルを改良して性能アップを図ったものです。

神崎　防衛産業を充実させることが、国土を守るためにいかに大切か、ということがよくわかりました。日本も他山の石として肝に銘じなければなりません。

井上　それが現実なのです。ここでは以上の5項目について取り上げましたが、日本の国土防衛作戦においても教訓とすべき内容が多くありますので、今後、さらに多方面から分析し、反映してもらいたいと思います。

神崎　ありがとうございました。

【インタビューを終えて】

戦後77年を経て、令和時代の日本はどのような国家戦略や国防計画を立て、いかにそれを国民と共有するか、それが大きな課題である。ウクライナの惨状を目のあたりにして、「専守防衛」という錦の御旗だけでは国を守りきれないということを、多くの日本国民が理解し始めた今こそ、その現実を国政や国家安全保障の政策に反映していかなければならない。平和な世界に安住し、思考停止の状態からいち早く抜け出す必要がある——そんな思いを強くした。

（神崎　大）

井上 武

（いのうえたける）1954年、徳島県生まれ。元陸将。1978年防衛大学校卒（22期）。陸上自衛隊入隊後、ドイツ連邦軍指揮幕僚大学留学、ドイツ防衛駐在官、陸上自衛隊富士学校長を経て、2013年退職。近著に『ロシア・ウクライナ戦争と日本の防衛』がある。

『ロシア・ウクライナ戦争と日本の防衛』
井上武・渡辺悦和・佐々木孝博　著
（ワニブックスPLUS新書）発売中

ロシア・ウクライナ戦争を専門家3人が詳細に分析。現代戦の実態と日本がとるべき対応を徹底的に解説する対談形式の事例研究。

Column

知っておくべき**戦い方改革①**

サイバー・電磁波領域という新しい戦場

第301電子戦中隊のNEWS車両。

契機となったクリミア併合

２０１４年に勃発したロシアによるクリミア半島併合は、ウクライナ侵攻の「前哨戦」だったと位置付けられている。そしてこの事変以降、新たな「戦い方」として世界が注目し始めたのが「電子戦」の存在である。

ロシア派とＥＵ派の経済対決によってウクライナ国内で政変が発生したのが同年２月。その機に乗じて同月27日、ロシア軍の特殊作戦部隊が当時ウクライナ領だったクリミア半島を瞬く間に占領すると、ウクライナ軍が使用していたロシア製軍用電子機器にバックドア（不正侵入）を行い、一斉に通信をダウンさせた。

さらに、ウクライナ兵のスマートフォンを偽りの通信ノードに接続させ、虚偽情報や動揺を誘うメッセージを送り続けた。また、火砲の電波信管に干渉する電波を発し、着弾前に爆発させるなどのコントロールも行われたという。

いっぽうでＧＰＳ電波への妨害工作も企て、虚偽の位置情報電波などで15～17年の間にウクライナ側のドローンを約１００機も墜落させたとされる。

社会インフラへの「攻撃」も行われた。ウクライナの電力会社に悪意のあるソフトウェアを潜り込ませることに成功し、ロシアのハッカーがウクライナの電力網を制御できるようになっていた。15年12月下旬には、ウクライナ全土30カ所の変電所からの電力供給を遮断させたことにより、８万世帯22万人に被害が出たとも言われている。

情報通信ネットワークは、現代人にとって必要不可欠なものになっており、サイバー攻撃は日常生活に深刻な影響を与える。この事態を受け、電子・サイバー領域が相手に大きなダメージを与える戦力のひとつとしてクローズアップされたことは言うまでもない。

軍事にとって不可欠な領域

もちろん、軍事組織にとって情報通信は指揮統制のために絶対に必要な基盤となっている。基幹インフラに対するサイバー攻撃が軍事組織の任務の大きな妨害要因となるため、電磁波領域の優勢確保は全世界で急務となるだろう。

電磁波領域を利用して行われる活動には、「電子戦」と「電磁波管理」の二つがある。電子戦には、敵の通信や索敵能力を低減・無力化する「電子攻撃」、周波数の変更や出力増加などで相手の電子攻撃を低減・無力化させる「電子防護」、電磁波に関する情報を収集する活動の「電子戦支援」がある。また、電磁波管理とは、電磁波領域の各種活動を円滑にするため、その利用を管理・調整する活動を指す。

陸上自衛隊でも、電子戦に対応する専門部隊として電子作戦隊が新編されたことは、前述の通りだ（58頁参照）。

陸自は最新装備として、防衛装備庁が開発したネットワーク電子戦システム「NEWS（Network Electronic Warfare System）」を導入し、電波の収集・分析と相手の電波利用を無力化し、戦闘を有利に進めるべく整備が進められている。

JASDF／JMSDF Eliete Soldiers

島嶼防衛のために欠かせぬ
連携と貢献

空と海の勇者たち

迫りくる脅威に立ち向かうのは陸上自衛隊だけではない。航空自衛隊、海上自衛隊も陸上総隊とタッグを組み、島嶼防衛を強化するべく多次元的に連携をとっている。国土を護るために活動するその2部隊を紹介する。

DATA

■創設 2011年

■上級単位 航空戦術教導団
航空総隊/航空自衛隊

■所在地 茨城県小美玉市

■編制地 百里基地/各基地巡回

■略称 BDDTS(バドッツ)

精鋭ファイル 12 BASE DEFENSE DEVELOPMENT & TRAINING SQUADRON

陸と空を結ぶ基地警備のエリート部隊

基地警備教導隊

戦闘機が活躍できるのは地上施設の充実が前提である。その安全を守ることは、すなわち空の安全に直結する。空挺をはじめ陸上総隊との連携も必須だ。各基地の警備部隊へ戦技を教導するバトッツは基地警備のエキスパートなのである。

基地の警備はすなわち自衛隊の安全と同義だ

大空を戦闘機で自在に駆ける航空自衛隊も、本拠たる航空基地や地上施設が万全に整備されていなければ本来の力を発揮できはしない。基地の安全を守る部隊に対し、警備のノウハウを教導し、そのスキルアップをサポートするのが「基地警備教導隊」である。まだ若い組織だが、その編成構想は1990年代にまで遡る。

冷戦の終了後、テロやゲリラなど軍事施設に対する脅威が多様化するにともない、平時での基地警備力が課題とされ、さまざまな調査と準備を経て2006年には「基地警備研究班」を設置。満を持して基地警備教導隊（以下、警教隊）が誕生した。

警教隊は茨城県・百里基地を拠点とするが、全国にある空自基地警備隊への教育を担っている。百里基地に各基地部隊の主要隊員を招集して集合訓練を実施したり、反対に警教隊が各基地を巡回指導で訪れたりすることもあるのだ。

基地警備に必要な戦技・戦法をトレーニングするのみならず、デベロップメントと部隊名に明記されているように、本隊では常にその技術や装備についての幅広い調査研究・開発が進められ、航空自衛隊のすべての基地警備

銃操作

体制の強化・改善に努めている。

　基地が襲われた際の近接・閉所戦闘では、銃器を使ったテクニックばかりに目が行きがちだが、基地への脅威はさまざまな攻撃が想定される。そのため警教隊では、特殊武器防護（対ＮＢＣ兵器）や爆発物対処に加え負傷者の救護法など、多岐にわたる訓練が課せられている。その分野の広さから思えば、警教隊には特殊工作部隊に勝るとも劣らない知識と技量が要求されていると言えそうだ。

　陸自のグリーン系迷彩とは違った、空自独特のブルーグレー系迷彩戦闘服に身を包んだ隊員たちに目を向けると、2世代前の64式小銃が個人装備されている。

　航空自衛隊では89式（１９８９年以降陸自・海自で制式化された5・56㎜小銃）を導入しなかったため、依然として89式より一回り大きく、重い旧64式（7・62㎜）がメインウェポンとして配備されているのである。

　戦後初の国産小銃として、1964年に採用された64式小銃。それを今も使いこなしている隊員の精悍な表情には、「空自の矜持」のようなものが感じられた。

左頁の写真はWSOP（Weapons Standard Operating Procedures）、つまり基礎の射撃動作だ。射撃姿勢、弾倉交換、故障排除など、何度も何度も繰り返す。右は膝立ち姿勢をとる隊員。

常に火力を発揮して敵を抑え込み、着実に前進する訓練。

有事のみならず平時のテロにも対応

1990年代は、テロ・ゲリラなど基地に対する脅威が複雑化した時代であった。同時に、従来の基地警備隊は有事、すなわち戦争が発生した後を想定した部隊であり、テロ・ゲリラのような平時の脅威への備えは充分ではなかったことも明らかとなった。

航空自衛隊内では、平素からの警備能力強化について議論がなされるようになり、その動きは2001年の同時多発テロで加速された。そこで2006年、航空自衛隊は「基地警備研究班」を組織。基地警備強化に向けた体制整備の研究がスタートし、警教隊の下地が作られた。

現在、警教隊は専門家集団として戦技・戦法をはじめ、基地警備に関する幅広い調査研究を行ない、改善と強化に貢献している。

5.56㎜機関銃「MINIMI」と64式小銃のバディ。

基地警備隊は64式小銃をメインウェポンとしている。

戦術・戦闘

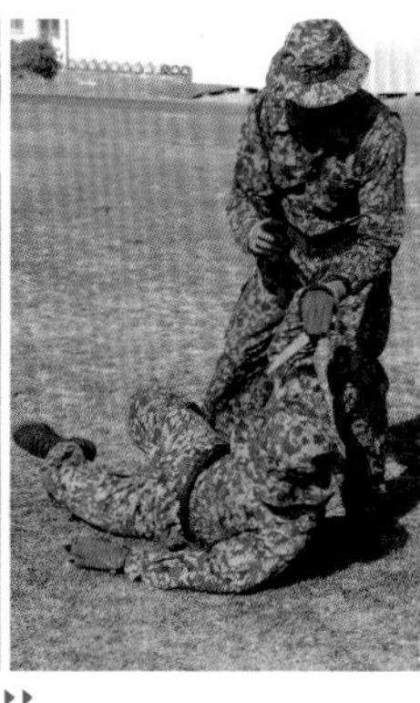

↑射撃と運動（移動）を組み合わせたSMC（Shoot,Move,Communication）訓練。敵が正面にいる状況でバディと協力しあい、移動する。上部中段の写真は左から右への移動を訓練しているもの。ひとりが遮蔽物越しの射撃で敵の火力を無力化し、その間に仲間が次の遮蔽物へと移動する。
←バトンを使った近接格闘戦訓練。

9㎜機関けん銃

【仕様】

■口径:9mm ■重量:2.8kg
■全長:399mm ■装弾数:25発

射撃

彼らは64式小銃の他に建物内など閉所環境を想定した火器として9㎜機関けん銃も装備している。屋外の開けたところではMINIMI機関銃も装備し、定期的に射撃訓練を行い、射撃スキルを保っている。

水機団の活動を支える海自のエース

海上自衛隊 おおすみ

陸自の海兵隊・水陸機動団の上陸作戦は輸送艦の存在なくしては始まらない。 海上自衛隊が擁する「おおすみ型輸送艦」3隻のうち「しもきた」「くにさき」とともに同型のエースには離島奪還の使命が託されている。

DATA

■所属	海上自衛隊 自衛艦隊 掃海隊群 第1輸送隊
■級名	おおすみ型
■母港	呉基地
■英称	Japan Ship Osumi
■艦種	輸送艦
■就役	1998年
■乗員	137名(揚陸要員330名)

後部ハッチからは大型車両やAAV-7も搬入、格納される。

埠頭に停泊しているおおすみに水陸機動団の各ユニットが乗船していく。

AAV-7の運搬という重要な役割を担う

島嶼防衛の精鋭である水陸機動団と上陸作戦の切り札「AAV-7」を現地へ運ぶ「おおすみ」は、1998年3月の就役以来、海上自衛隊自衛艦隊直轄艦として、数多くの任務を遂行してきた。同艦は「おおすみ型」の1番艦であり、作戦用では最大クラスの艦艇である。

ウェルドック（喫水線上のドック状格納庫）は長さ60m、幅約15mあり、LCAC（エアクッション型揚陸艇）2艇が収容できる。前方は車両スペースになっており、戦車の搭載に対応した強度の甲板が備えられ、90式であれば10両の搭載が可能。基本的な艦の構造は米軍の強襲揚陸艦と同様である。

その実績は目覚ましく、1999年にトルコ西部大地震に対する国際緊急援助のため、イスタンブールへ救援物資を運んだことに始まり、イラク復興支援活動を行う陸上自衛隊の資材などの運搬も行った。2018年7月豪雨の際には横須賀基地から食料、飲料水などの非常用物資を積み込み、呉基地まで運んでいる。今後、日本近海の緊迫度が増すにつれ、その任務の重要性も高まっていくことになるだろう。

海上に出た「おおすみ」をベースとして水陸機動団はヘリからの水上着水、ゴムボート訓練など各種訓練を行う。

上陸作戦のため、AAV-7が「おおすみ」から水上へ発進していく。

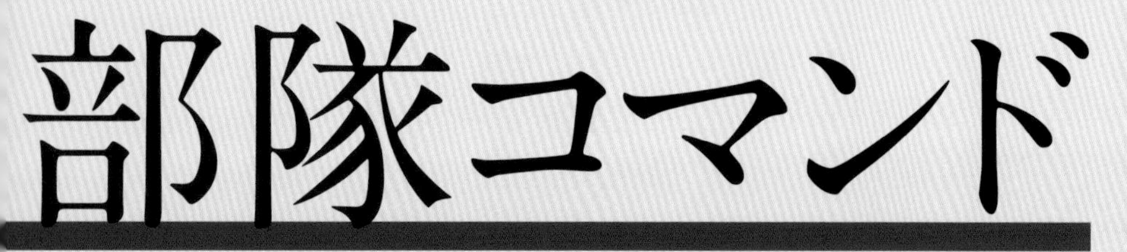

部隊コマンド

東アジア有事に対して台湾が抱く危機感は、日本を超えることは想像に難くない。したがって敵の襲来に対する決意と備えも万全を期している。なかでも陸軍隷下の航空特殊部隊コマンドは陸海空のいずれにおいても精強な部隊を揃えている。精鋭ファイルの特別版として紹介しよう。

Photo:Gordon Arther

日本と同じ脅威に対抗する隣国の精強なる部隊

台湾 航空特殊

DATA

■創設	2007年
■上級単位	中華民国陸軍(ROCA)
■総員	約1万人
■所属部隊	第862空挺特殊戦グループ 第871空挺特殊戦グループ 第101水陸両用偵察大隊など
■所在地	台中(台湾中部)
■編制地	陸軍特殊部隊訓練センター

ASFC隷下の第862空挺特殊戦グループと第871空挺特殊戦グループ。

SC-90A高速攻撃車輌はASFCのみに配備された特殊車輌だ。

航空輸送大隊のCH-47SDチヌークより偵察隊員のバイク部隊が発進。

陸海空いずれもが主戦場となる猛者集団

最も狭い部分で130kmしかない隔たりを挟んで対峙する中国と台湾。緊張高まる台湾海峡は、世界一危険な海域と言われる。その海洋進出を目指す中国の脅威に対して最前線に立つのが、中華民国陸軍(ROCA)の誇る航空特殊部隊コマンド(以下、ASFC)である。

2つのグループで構成されるASFCは、5大隊に分かれて台湾全土に配置されている。いずれも高レベルの空中機動性をもった陸戦特殊部隊だが、特筆されるのは「第101水陸両用偵察大隊」だろう。

「海龍フロッグメン」とも呼ばれる隊員は特殊作戦のエキスパートで、福建省・厦門市の沖合わずか2kmに位置する金門島や、澎湖諸島などに駐屯する。かつて中国本土に侵入上陸、何度も隠密作戦を行った実績を持つ猛者が揃っている。

全軍で20万以上の人員を数えるROCAにあって、1万名の隊員を擁するASFCは、まさに台湾の防衛を支える尖兵中の尖兵。陸軍総司令部直属のコマンドとして、世界のどの特殊部隊にも引けを取らない強さを発揮すべく、厳しい訓練は今日も続けられている。

撤収し航空機で速やかに移動する自転車部隊。

赤いヘリは軍ではなく内政部（国内の行政を管轄する省庁）の空中勤務総隊所属。災害救助や救難が主な任務だ。黒いユニフォームはプレシジョン・ライフルを装備する狙撃部隊。

Column

知っておくべき戦い方改革❷

無人機が戦いの主役となる時代がやって来た

米空軍のUAV「グローバルホーク」。

ロシア軍に与えた大打撃

ロシアによるウクライナ侵攻は、多くの識者が短時間で終わると予想していた。しかし、ロシア側の士気の低さや曖昧な戦略と戦術に対して、ウクライナ兵と一般市民が一体となりゲリラ戦のような反撃を行ったため、長期戦となった。

ウクライナがロシアを苦しめてきた要因のひとつが、UAV（無人航空機／総称ドローン）の活用である。偵察用にカメラを搭載した軍用、民間のドローンが一丸となってロシア軍の位置を把握して火砲で攻撃したり、歩兵部隊が待ち伏せしたりして、大小さまざまな規模で勝利を収めていることが推測される。

ただ、それ以前に実戦で活用され威力を示したのが、2020年9月に起きた「ナゴルノ・カラバフ紛争」だった。コーカサス地方に位置するアゼルバイジャンとアルメニアの間で発生した軍事衝突である。アゼルバイジャン国内のアルメニア系住民地域ナゴルノ・カラバフの領有を巡って両国が争い、44日間にわたる戦闘で双方合わせ約7000人の死傷者を出した。

結局、同地域の大半をアゼルバイジャンが掌握したが、その勝利の理由とされたのが、ドローンだった。イスラエル製で徘徊・自爆型の「ハーピー」がロシア製対空ミサイルを次々に破壊し、トルコ製の偵察／攻撃型「バイラクタルTB2」が地上戦力を無力化したのだ。

アゼルバイジャン国防軍が無人機からの空撮映像をSNSに投稿したことで、その有効性は世界に知れ渡った。宣伝効果は抜群で、2020年11月にはウクライナもトルコから同型を追加購入している。侵攻してきたロシア軍に大打撃を与えたのも、この時に配備したドローンだったに違いない。

ウクライナは無人機という技術に着目して装備体系の刷新を図り、ロシアに対抗しているのである。

自衛隊も装備を加速中

ナゴルノ・カラバフやロシアのウクライナ侵攻という実戦を経て、無人機の存在感は急速に高まっており、同時に普及も進んでいる。使用する側に人的損害のリスクが少なく、巡航ミサイルなどより格段に安価だからだ。

いっぽう、日本は世界のなかで「無人機後進国」とされてきたが、最近になって遅ればせながら巻き返しを図りつつある。

2018年には陸上自衛隊が情報学校を新編し、情報教導隊に中域用無人偵察機「スキャンイーグル」を配備。各師団では偵察用ドローン「スカイレンジャー」の装備も進められている。また、航空自衛隊は大型の偵察型無人機「RQ-4グローバルホーク」を装備し、運用部隊も創設している。

また、無人機は軍事面のみに使用されているわけではない。高い飛行持続性や広い飛行範囲、全天候に対応できる性能を活かして、さまざまな分野で力を発揮している。日本においては、海上保安庁が海洋警戒監視などを主目的に、「MQ-9B」の導入を決定しており、今後さらなる活躍が期待されている。

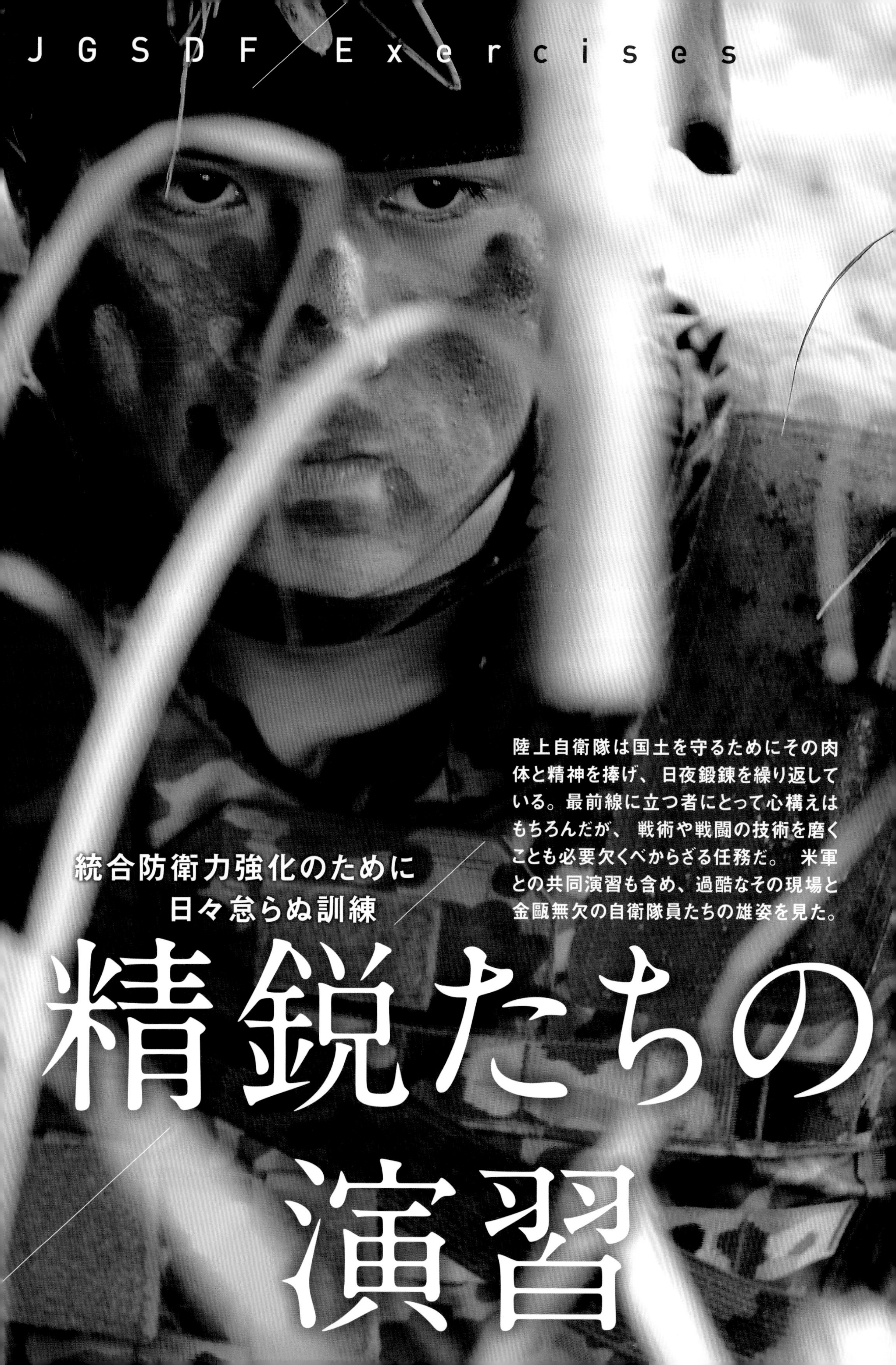

JGSDF Exercises

統合防衛力強化のために 日々怠らぬ訓練

精鋭たちの演習

陸上自衛隊は国土を守るためにその肉体と精神を捧げ、日夜鍛錬を繰り返している。最前線に立つ者にとって心構えはもちろんだが、戦術や戦闘の技術を磨くことも必要欠くべからざる任務だ。 米軍との共同演習も含め、過酷なその現場と金甌無欠の自衛隊員たちの雄姿を見た。

訓練 2022

2022年3月、占領された島嶼部奪還を想定して日米の「海兵隊」が共同訓練を実施した。同盟国がともに作戦行動を行うことで、防衛力はよりいっそう強固になるだろう。

ともに島嶼防衛を目指す2カ国の本気度

日米共同

DATA

■演習地	静岡県 東富士演習場 他
■実施日	2022年3月
■参加部隊	陸上総隊・水陸機動団 米海兵隊第31海兵遠征部隊
■参加人員	水機団約400名 米海兵隊約620名

12.7㎜重機関銃M2で制圧射撃を終えて陣地に戻っていくAAV-7。

火力誘導のため前方に偽装し展開した前進観測班。

スモークジェネレーターで煙幕が張られ、普通科隊員がAAV-7から降車展開する。

多次元統合防衛のために日米の連携は不可欠だ

ロシアによるウクライナ侵攻を見てもわかる通り、今日の戦場では従来の陸海空に加え、宇宙や電磁波領域、サイバー空間からの攻撃にも対応する「領域横断作戦能力」が不可欠になる。そのため米海兵隊ではEABO(機動展開前進基地作戦)構想のもと、各部隊の改編が進められている。

これを受け2022年3月、陸上自衛隊水陸機動団は、米海兵隊第31海兵遠征部隊との日米共同訓練を東富士演習場などで1カ月近くにわたって行った。

敵の勢力下にある島や沿岸部に分散型拠点を築き、敵の持つ長射程火器から自軍部隊を防護しながら前進展開するというEABOは、島嶼防衛と深く関わっている。

海岸に水機団のAAV-7が上陸し重機関銃M-2を掃射する中、コマンドが飛び出して散会。後続の迫撃砲、榴弾砲部隊が進む上空には、第1海兵航空団のF35Bライトニング戦闘機が飛来して航空支援でカバーする。これを誘導するのは水機団が飛ばしたUAV(無人偵察機)と、日米連携の要素は随所にちりばめられていた。

陸自普通科部隊の標準装備の一つである81㎜迫撃砲L16と目標への照準など射撃準備を行う迫撃砲小隊。

96式兵員装甲車が基地内で兵員などを輸送する。

12.7㎜重機関銃M2とMK19擲弾発射器で歩兵の援護射撃をする米海兵隊。

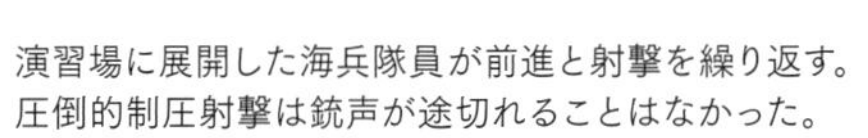

演習場に展開した海兵隊員が前進と射撃を繰り返す。
圧倒的制圧射撃は銃声が途切れることはなかった。

DATA

■演習地	北海道天塩訓練場 他
■実施日	2020年8～9月
■参加部隊	水陸機動団
	第1空挺団(陸上総隊)
	東北方面隊
	海上自衛隊大湊地方隊
	航空自衛隊北部航空方面隊
■総員	約1万7000名

敵の離島侵攻を防ぐ合同作戦

北部方面隊実働演習

島嶼防衛にとって最も重要な二つの演習が北海道で行われた。すなわち敵の離島上陸を防ぎ、そして奪われた島を奪還するための上陸作戦である。北部方面隊にとって初となったこの離島防衛訓練によって、自衛隊の統合力が大いに示されたのである。

離島奪還を担う部隊が北の大地と海岸に集結

わが国の周辺を取り巻く情勢は目まぐるしく変化している。目下、最大の脅威は国内に300あまり存在する面積1平方キロ以上の島々に外国勢力が大挙侵攻してくることである。

2020年8〜9月、陸上自衛隊は敵の上陸を阻む大規模戦闘訓練、ならびに占拠された離島を奪還する上陸演習を実施した。主役は北海道防衛に当たる北部方面隊だが、水陸機動団他、東北方面隊、海・空の各部隊も参加、総勢1万7000人規模の初めての合同離島侵攻対処作戦となった。

北部方面隊「第3施設団」が膨大な障害物を海岸に構築。同じく「第1特科団」が保有する88式地対艦誘導弾(SSM-1)を発射する動きを迅速に演練する。

奪還作戦では、海岸に飛び出した水機団員たちが水陸両用強襲車AAV-7を盾にして陣形を組み、後続の81㎜迫撃砲部隊が射撃姿勢に入るなど、実戦さながらの攻撃連携を確認できた。

通常のレンジャー訓練の枠を超えた大規模演習の意義は、今後ますます深まっていきそうだ。

海岸に設置された鋼矢板、拒馬、テトラポット。

水際防衛

水際地雷敷設を指揮する第13施設群第302水際障害中隊。

94式水際地雷原敷設装置。水際地雷原を迅速に構築するために開発された特殊車輌だ。

水際地雷は「94式」の他、UH-1ヘリからも敷設が可能。

88式地対艦誘導弾（SSM-1）の発射指令を待つ現場指揮官たち。

発射態勢を整えた、88式地対艦誘導弾。

地対艦ミサイル設置

迅速な発射準備を行う88式地対艦誘導弾乗務員たち。

支援攻撃により、海岸に啓開された細長い通路に向けてAAV-7がその巨体を上陸させる。

水機団上陸

AAV-7の車体を盾に、後部ハッチから次々と降車していく水陸機動団の隊員たち。その動きは素早くとても機敏であった。

遮るものがない開けた海岸でAAV-7の作った轍に身を隠し、射撃姿勢をとる。

81㎜迫撃砲を設置する。上陸初期段階は火力に乏しいため、迫撃砲の火力は重要な意味を持っている。

戦車輸送

苫小牧港に陸揚げされた78式戦車回収車（上）と交通量の減る夜間に目的地へ移動する89式装甲戦闘車（右）。

西部方面隊 最大規模の実働演習

02鎮西

尖閣諸島を含む南西諸島をはじめ九州・沖縄を担当地域とする西部方面隊にとって、最大の演習が毎年秋に実施される「鎮西」だ。なかでも、その根幹となるのが日出生台演習場で行われる島嶼防衛を想定した訓練である。勇猛な隊員たちによる敵の上陸阻止訓練の模様を直近の演習から紹介する。

DATA

■演習地	日出生台演習場(大分県)
■実施日	2020年10月
■参加部隊	西部方面隊第8師団
■総員	約4500名

第8高射特科大隊の対空機関銃陣地に設置された12.7㎜重機関銃M2。

敵コマンドーの攻撃に備え、周囲を警戒する隊員。

ランチャーが立ち上がり発射態勢となった12式地対艦誘導弾。

救護訓練も行うリアルな戦闘シミュレーション

南西諸島という広大な範囲の防衛に当たる西部方面隊にとって、島嶼防衛は最重要テーマだ。東アジア情勢の変化にともない、2010年以来毎年秋に実施されてきたのが、九州を中心に各演習場で行われる実働演習「鎮西」である。

中でも特筆すべきなのが、日出生台(ひじゅうだい)演習場で敵部隊の上陸から撃破まで、3日間休みなくさまざまな作戦行動を連続して演練するという過酷な「島嶼防衛訓練」だろう。

他の「鎮西」演習には、在日米軍はじめ各部隊が参加するが、日出生台の演習は「西部方面隊」限定。第8師団(熊本)を主力に、西部方面戦車隊などが加わる。

宮古海峡などを通過して太平洋へ進出する敵艦艇に対するには、射程や打撃力など十分な地対艦ミサイルの装備が必要不可欠である。今回は、12式地対艦誘導弾を使って迫り来る敵艦艇を迎え撃つ訓練が行われた。

敵艦載機による爆撃や機銃掃射もあり得るため、演習では負傷した隊員の救護活動も丹念にシミュレート。そうした生々しい想定や、対処法の訓練に接することで「島嶼防衛の現実」を肌で感じることができた。

野営司令部周辺を防衛する普通科隊員たち。敵の目をかく乱するため偽装された16式機動戦闘車砲門を敵上陸地側に向ける。

救護

敵の航空攻撃で多数の負傷者が発生したと想定し、第一線救護の訓練が行われた。あちこちに負傷者が横たわり、うめき声をあげる者もいた。駆け付けた衛生隊員は声をかけつつ、一人ひとりの状態を確認。負傷者をその程度で分類し、救護の順番を整理していく。

上陸迎撃

西部方面戦車隊の10式戦車。以前は各師団に戦車部隊が存在したが、現在その定数は大きく削減され、西部方面隊では直轄部隊として西部方面戦車隊だけに配備されている。その代わり各師団には装甲、火力では戦車に及ばないものの、機動能力が高く戦闘能力で勝る16式機動戦闘車の配備が進んでいる。

敵の上陸部隊を演じる水陸機動団の隊員たち。ヘルメットを脱いでいるのは「死亡」したことを表わしている。

敵の航空攻撃や航空偵察から偽装、隠匿していた10式戦車が出動。隠蔽壕から「敵上陸開始」「迎撃」の指示を受け、敵殲滅のため急遽移動を開始する。

DATA

■演習地	キャンプ・ペンドルトン（米国カリフォルニア州）
■実施日	2020年1〜2月
■参加部隊	水陸機動団（陸上総隊）米海兵隊、米海軍第3艦隊 他
■人員	水機団約300名 他

演習ファイル 04 IRON FIST

危機に備えて日米の「海兵隊」が連携を強化

アイアンフィスト

島嶼部の防衛、奪還に関して中心的な役割を担う水機団にとって、米海兵隊との連携は必須であり、水陸両用作戦および陸上戦闘のスキルアップのためにも不可欠である。相互の力を引き出し合う訓練こそ、いまそこにある危機への備えだ。

米揚陸艦パールハーバーの後部甲板に降り立ったMV-22オスプレイ。

水陸両用作戦の技術を米海兵隊から学ぶ機会

島嶼防衛と離島奪還を想定して産声をあげた水陸機動団は、文字通り「水陸両用作戦」を行う部隊である。その点においてお手本となるのが米海兵隊であることは言うまでもない。実際、水機団はその前身である西部方面普通科連隊の時代より、米海兵隊から同作戦についてのノウハウを吸収してきた。

その最大の機会がこの「アイアンフィスト（鉄拳）」と名付けられた演習である。2005年から毎年実施されている同演習は、海兵隊の太平洋側の本拠地であるカリフォルニア州キャンプ・ペンドルトンに陸上自衛隊が人員や資材を運び込んで行われている。

昨今のコロナ禍の影響により2021年は中止され、'22年は大幅に規模が縮小された。今回紹介するのは、直近の本格的な演習内容である。

このとき、AAV-7は日本から運搬し、MV-22は海兵隊装備の機体を使用。降り立った水機団は、本隊上陸に先駆け、海岸線と内陸部をつなぐ街の制圧を行うなど、海兵隊と密接に連動しながら訓練を精力的に行い、さまざまな戦闘スキルを身に着けたのである。

パールハーバーの艦内では両軍指揮官のインタビューが行われた。

日米の関係者がオスプレイでパールハーバーに向かう。

上陸

2016年、前身である西部方面隊直轄部隊が訓練用のAAV-7を導入して以来、水陸機動団は米カリフォルニア州で行われている「アイアンフィスト」で米海兵隊から多くのことを学んできた。残念ながら、2021年以降の同訓練は中止、または規模を縮小して実施されたが、今回お伝えする演習では水機団のAAV-7が単独で米海軍の揚陸艦パールハーバーより発進し、海兵隊基地であるキャンプペンドルトンのレッドビーチに強襲上陸を果たしている。上陸部隊の目的地がさらに内陸に設定されたのが印象的であった。

戦闘

海岸から切り立った渓谷を通り抜け、視界が開けた所に今回の演習目標の街が存在する。米海兵隊が支援攻撃を仕掛ける間、水機団の上陸部隊はその街に突入。そこは複数のコンテナによって住宅地のようになっていた。この中で赤いビニールを巻いた敵役の対抗部隊が待ち伏せ、上陸部隊が丘に姿を晒すと一斉に攻撃を仕掛ける。丘の攻撃に集中する敵部隊の不意を突き、二手に分かれていた上陸部隊の一方が市街地に突入。戦闘はさらに続いていく。この後、海兵隊のオスプレイに乗った増援部隊の支援を受け、部隊は街を攻略することに成功した。

丘から攻撃の機会を窺う、84mm無反動ロケット砲射手。

街の南側ではヘリボーン部隊が突入を開始した。彼らの果敢な攻撃に虚を突かれた対抗部隊は、丘に対する部隊の攻撃もままならず自壊。戦闘力を大きく失い降伏した。

演習ファイル 05 ORIENT SHIELD

陸自と米陸軍による離島奪還への共同訓練

オリエントシールド

陸上自衛隊と米陸軍が共同作戦を行う際の相互連携強化のために日本国内で実施されている訓練が「オリエントシールド」である。この演習は、特に離島奪還への共同対処能力を向上させる重要なトレーニングだ。

DATA

■演習地	矢臼別演習場(北海道)
	大矢野原演習場(熊本県) 他
■実施日	2019年8~9月
■参加部隊	西部方面隊第4師団
	西部方面特科隊
	米陸軍第33歩兵旅団戦闘団 他
■人員	陸上自衛隊約950名
	米陸軍約950名

FIRE
RIFLE 7.62 MM
U.S. M110
KNIGHT'S ARMAMENT CO.
TITUSVILLE, FL. USA

陸自と米陸軍が共同で行うハイブリッド演習

米陸軍が陸上自衛隊西部方面隊と合同で行なう実働訓練「オリエントシールド」は、1985年の開始以降規模を拡大しており、2019年の演習では「マルチドメイン・タスクフォース」が初参加。同部隊は宇宙、電磁波など多領域で同時に行動する米軍の最新部隊のひとつである。

中でも特筆されるのは、このほどウクライナに供与されたことで注目された高機動ロケット砲システム「HIMARS（ハイマース）」を、米本土から北海道や九州に輸送してまで、陸自の誇る「12式地対艦誘導弾」と共演させたことだ。日米共同での「地対艦攻撃訓練」ともなったこの演習は、ハイブリッド戦場と化すであろう島嶼防衛に、こうしたシステムの導入が欠かせないことを印象付けた。

およそ1カ月に及んだ合同訓練を終え、陸自西部方面隊の総監は「将来の日米共同による領域横断作戦の一里塚となる成果を得た」と胸を張る。だが、自衛隊は安全保障環境の変化に応じて米軍と連携する一方、装備や行動の限界との調整を余儀なくされることから、その改編が難しい面も垣間見えた。

演習場で自走して発射地点へ向かうHIMARS。

ロケット弾は6発セットのユニットボックスに収納されているため、迅速な交換が可能。

HIMARS後部のロケットランチャー部を点検する米兵。

演習に参加した日米両ミサイル部隊の隊員たち。

HIMARS＆12式

HIMARSと12式は、いずれも中国海軍による第一列島線の侵攻を阻止する、領域横断作戦の切り札となるべきメインウエポンである。

匍匐前進する米陸軍第33歩兵旅団戦闘団。

離島奪還

オリエントシールドは日米両軍の陸上部隊がそれぞれの指揮系統に従って共同で攻撃目標を奪取する、実弾射撃を伴う戦闘訓練である。場所は熊本県日出生台演習場。

斥候任務に当たる陸自第16普通科偵察隊の隊員。

敵陣地前衛に向けての狙撃を終えた米陸軍狙撃チーム。

日本にとって必要なNATOとの協力体制

英海軍の航空母艦「クイーン・エリザベス」。

海でつながった密な関係

ロシアのウクライナ侵攻によりフィンランドとスウェーデンが加盟したことで注目を浴びるようになったのが、NATO（北大西洋条約機構）の存在だ。ブリュッセル（ベルギー）に本部を置く同組織は、1949年に設立された西側諸国の軍事同盟であり、これで加盟国数は32となった。

その集団防衛に関する第5条の条文には以下の記載がある。

「欧州または北米における1または2以上の締結国に対する武力攻撃を全締結国に対する攻撃と見なす。締結国は、武力攻撃が行われた時は国連憲章の認める個別または集団的自衛権を行使して、北大西洋地域の安全を回復、維持するために必要と認める行動（兵力の使用を含む）を個別的に、および共同して直ちにとることにより、攻撃を受けた締結国を援助する」

この条文が意味するところは、お互いを助け合うためには軍事行動も辞さないということだ。

ただ、「北大西洋」と謳ってはいるものの、最近ではNATO域外の国々との関係も深めている。地中海沿岸地域の安定や相互理解を深める目的で中東・アフリカ7カ国と締結した「地中海ダイアローグ」、ペルシャ湾岸4カ国との国防改革やテロ対策における協力体制「イスタンブール協力イニシアチブ」などがその代表例だ。

アジア太平洋地域に対しては、日本をはじめとする9カ国をパートナーと位置付け、協力関係の発展を目指している。

英独の艦艇が日本を訪問

では、日本側はNATOをどう捉えているのか。ご存じの方も多いと思われるが、2014年5月に、安倍晋三首相（当時）が「日・NATO国別パートナーシップ協力計画／IPCP」という文書に署名している（2020年6月改訂）。そして、これが現在の日本のNATOに対する指針となっている。お互いの協力分野は、サイバー防衛、人道支援、災害救援、小型武器をはじめとする通常兵器、大量破壊兵器およびその運搬手段に関する軍備管理をはじめ、安全保障分野だけでも多岐に及んでいる。

実務的な例としては、ソマリア沖アデン湾での自衛隊とNATOオーシャンシールド参加部隊による海賊対処教導訓練（2014年）、同第1常設海上部隊との親善訓練（2018年）の実施などがある。2021年11月には女性自衛官（4代目）を同本部国際機関／NGO協力オフィスへ派遣。2019年からは海上自衛隊が同海上司令部へ連絡官を派遣している。

2022年には、海自練習艦「かしま」と「しまかぜ」が地中海で同第2常設海上部隊のフリゲートと戦術運動訓練を実施した。どこであろうと海はつながっているのだから、NATOとの協力体制は日本にとって必然であろう。

この流れが続けば、「自由で開かれたインド太平洋」にもNATOの艦艇が現れる日が近いかもしれない。英海軍の「クイーン・エリザベス」やドイツ海軍の「バイエルン」の来日は、その先駆けと言えるだろう。

Aggressor Forces of
Potential Adversaries

侵攻を前提として組織された
自衛隊のライバル

対向部隊の強敵たち

海の向こうには厄介な隣人が存在する。 海洋進出を目指し不穏な動きを続ける中国だ。 尖閣諸島を台湾とともに「核心的利益」と決めつけ目を光らせているのだ。 彼らはいかなる先鋭部隊で向かってこようとしているのか。ウクライナ侵攻で暗躍するロシアの特殊部隊とともに列挙する。

DATA

■創設	1949年
■上級単位	中国人民解放軍海軍
■総員	約2万5000人
■所在地	山東省青島市
	上海市
	広東省湛江市

島嶼侵攻の前線に立つ水機団のライバル

人民解放軍 海軍陸戦隊

尖閣諸島は言うまでもなく日本固有の領土である。しかし、中国は同諸島を「核心的利益」と称し、侵攻の対象としていることは明らかだ。そして、侵攻が現実となった際、真っ先に最前線へ繰り出し自衛隊と相対する部隊が海軍陸戦隊である。この中国版・水陸機動団の実力を探る。

Photo:Sompong Nondahasa

敵陣地に突入攻撃をかける中国陸戦隊隊員たち。

整列した兵士たちの背丈が揃っているのは精鋭の証のひとつであるからだ。

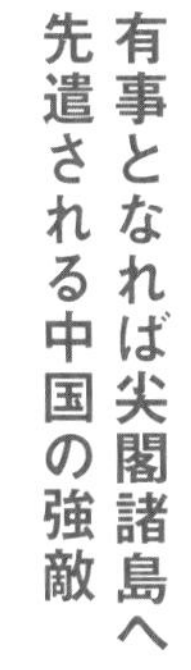

有事となれば尖閣諸島へ先遣される中国の強敵

中国で海兵隊の重要性が唱えられるようになったのは１９７０年代のこと。島嶼部における陸軍の力不足を補うため、１９５０年代末にいったん解体されていた海軍陸戦隊が、中央軍事委員会のもとで再結成されたのである。

同隊は旅団で構成され、主として海兵、水陸両用部隊、砲兵隊、工兵、そして水陸両用偵察部隊から成る。平時においては総員１２００名程度と推測されるが、有事の際にはたちまち３万人近くに増員される。これは、沖縄に駐屯する米国の「第31海兵隊遠征隊（ＭＥＵ）」に匹敵する規模である。

その任務は日本の水陸機動団と同様であり、航空機は保有せず、代わりに南海艦隊に属するヘリコプター連隊が輸送と火力支援を行う。興味深いのは、特殊任務にもかかわらずボディアーマー（防弾衣）を装着していない。人命よりも機動性を優先しているとしか思えない。

今回合同演習を行ったタイの司令官は「シールズ（米海軍特殊部隊）と同等の力がある」と述べたが、水機団と比較してどの程度の実力を有するのか、その全容は不明である。

建物に見立てた一部に爆薬を仕掛け爆破。

爆破、粉砕した部分から突入し内部を制圧する隊員たち。

演習の舞台となったのはバンコク湾（タイ）にあるサタヒップ海軍基地。ビーチリゾートのパタヤに近接している。

海岸に橋頭堡を確保後、小隊長から内陸目指しての進撃命令が下される。

タイ特殊部隊の支援のもと強襲上陸を行なう彼らの士気はすこぶる高かった。

ブリーフィングの間も、彼らの体から95式自動小銃はひとときも離れなかった。

特殊部隊の「技」のひとつ、ラペリング（懸垂降下）を競い合った。

タイ軍特殊部隊兵士の突撃を援護する中国陸戦隊隊員。

装備の軽い陸戦隊は重装備のタイ軍兵士より断然有利だ。

装備は軽快、最小限でボディアーマーなど着用しない。

中国独自開発の95式自動小銃とハイテクビジョン式照準装置。

ウォーミングアップとして中国拳法を土台にした「フウォジィ」を披露。

王立タイ海軍高官も彼らの訪問に敬意をあらわす。

HONGKONG GARRISON

政府直属部隊

1997年に英国から返還された直後、中国政府は真っ先に香港へ分遣隊を派遣した。以降、同国政府が一国二制度の原理を無視して香港を急速に「中国化」するなかで、その役割は日に日に増している。 対テロ専門部隊として活動する同隊は、おそらく島嶼部の攻防でも脅威となるのは間違いない。

Photo:Gordon Arther

DATA
■創設 1997年
■上級単位 中央軍事委員会
■総員 約6000人
■所在地 香港島中環地区
対向部隊ファイル 02
PEOPLE'S LIBERATION ARMY
陸海空で進駐を広げる中国
人民解放軍
香港分遣隊

6人1組で構成された突入部隊の全速突撃。

シールズに倣い重量のある丸太を基礎体力運動に取り入れている。

相互に射撃を行うことで威力制圧の火線を閉すことはない。

規模と装備の充実を図る共産党政府肝いりの部隊

香港が英国から返還されるや直ちに分遣隊が創設されたのは、「自治権は認めるが軍事防衛と外交の権限は与えない」という、中国政府の香港に対する強い意志の反映だったのであろう。中央軍事委員会が直接指揮権を握っていることからも、その姿勢は揺るぎない。

その任務内容は日々充実が図られており、当初は陸軍だけだったのが今や海軍、空軍も合体。地対空ミサイルやNBC対応の車両、ヘリコプターなど、各装備も人民解放軍から潤沢に供給されている。

海軍分遣隊では最新式のミサイル艇を複数就航させ、香港領内の沿岸警備や本隊の作戦支援にあたる。陸軍は特殊部隊も有しており、偵察任務と対テロ任務を請け負っている。また、50名ほどの女性だけの部隊も活動中だ。

いっぽう空軍は、元英国空軍の石崗（せっこう）飛行場をベースに1個飛行隊を配備し、中国国産の最新型戦闘機、ヘリコプターを装備している。

台湾や尖閣諸島に近い立地だけに、有事に対する備えも密かに進んでいるに違いない。日本にとっては目が離せない部隊である。

屋上から一斉にロープラペリングを行い、室内へ強襲突撃を敢行する特殊部隊の隊員たち。左の2名は高度な前方降下スタイルで95式小銃を発砲しながらの室内突入。同隊のスキルの高さを窺わせた。

Z-9Z司令ヘリコプターからロープラペリングを行い、テロリストの立てこもるビルディングの屋上に強襲降着を行う特殊部隊兵士。

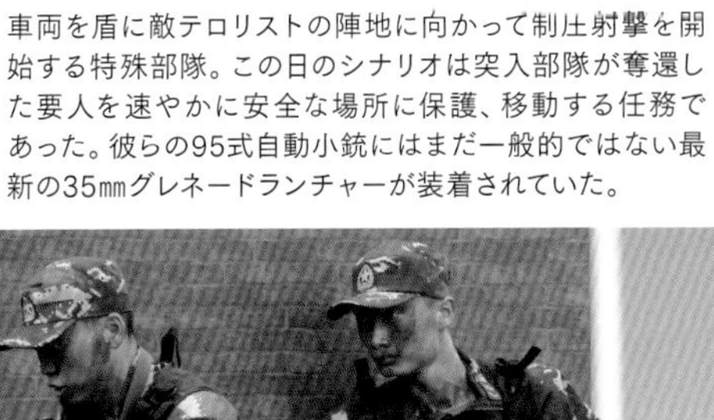

車両を盾に敵テロリストの陣地に向かって制圧射撃を開始する特殊部隊。この日のシナリオは突入部隊が奪還した要人を速やかに安全な場所に保護、移動する任務であった。彼らの95式自動小銃にはまだ一般的ではない最新の35㎜グレネードランチャーが装着されていた。

ウクライナ戦争におけるキーウのアントノフ空港襲撃、制圧作戦で暗躍したことで知られるロシア連邦軍きってのエース部隊。結果、作戦は失敗に終わったが、同軍にとって最重要任務を遂行する集団であることに変わりはない。この精強集団が日本にとって脅威となる日がやって来るかもしれない。

DATA

■正式名　第45独立親衛特殊任務連隊
■創設　1950年
■所属　ロシア空挺軍
■統制機関　GRU
（ロシア連邦軍参謀本部情報総局）
■総員　約600名
■標語　最強の者が勝つ

重要な軍事作戦には必ず出動する特殊部隊

ロシア空挺スペツナズ

ロシアでは超人気部隊
実は冷酷無比の暗黒組織

ロシア人にとって、空挺スペツナズは人気、信頼度ともに抜群の部隊である。ウクライナ侵攻に伴うキーウ近郊の空港制圧作戦は失敗に終わったが、その尖兵となった彼らが非難の的になっているという話は聞こえてこない。おそらく、一般的なレベルでは依然として憧れの的なのだろう。

本隊はGRU（軍参謀本部情報総局）所属の特殊部隊である。ソ連崩壊後に5個の旅団が独立した国々に分割移管されるが、その後に発生した2度のチェチェン戦争ではロシア軍のもと、再び増強。捜索、待ち伏せ、敵の基地襲撃などを繰り返して戦功をあげた。

潜入や誘拐、果ては暗殺といった「黒い作戦」を実行してきたスペツナズは、世界中に「冷酷無比の部隊」という印象を与えてきた。ただし、ロシア人にとってはそのような悪評もプラス材料と映るようだ。

スペツナズのみが着用を許されている青と白の横縞の制服（海軍仕様／革命由来のテルニャシュカ）と空挺軍を表わすスカイブルーのベレー帽が特徴。これもまた、彼らにとってはたまらない魅力のひとつだという。

演習を終え基地に帰還する空挺スペツナズ小隊。

RPG-9ロケットランチャーで装甲車両を破壊するスペツナズ。

歩兵戦闘車・BMP-1に搭乗した小隊指揮官が司令官に敬礼をする。

彼らが手にする小火器は、グレネードランチャー付きAK74M、RPG-7、特殊部隊用に改良されたペチェンマシンガン。

強面の空挺スペツナズ。ロシア人にとって彼らは国民的英雄である。

著者 笹川英夫

1958年、新潟県生まれ。日本大学芸術学部写真学科を卒業後、フリージャーナリストとしてミリタリー分野を中心に数多くの写真を発表する。1990年代から米国やヨーロッパ各国の銃器メーカー、軍や警察の特殊部隊の取材を始め、2000年以降には中国人民解放軍やロシア軍の特殊部隊の独占取材も行う。

国土防衛

ロシア・ウクライナ戦争に学べ
陸上自衛隊の現在

2022年9月2日　初版第一刷発行

著者　笹川英夫
編集　佐野之彦
装丁・本文レイアウト　四方田 努

企画協力
井上 武（元陸上自衛隊 富士学校長 陸将）
神崎 大（有限会社キャロット）

編集協力　松本正志
野口卓也
伊藤明弘

写真協力　ROYAL NAVY
U.S. ARMY
U.S. AIR FORCE
GORDON ARTHER
SOMPONG NONDAHASA

協力
陸上自衛隊　陸上総体司令部広報
陸上自衛隊　西部方面隊総監部広報
陸上自衛隊　北部方面隊総監部広報
航空自衛隊　航空幕僚監査部広報

発行人　後藤明信
発行所　株式会社竹書房
〒102-0075
東京都千代田区三番町８-１
三番町東急ビル6階
email：info@takeshobo.co.jp
http://www.takeshobo.co.jp
印刷・製本　株式会社シナノ